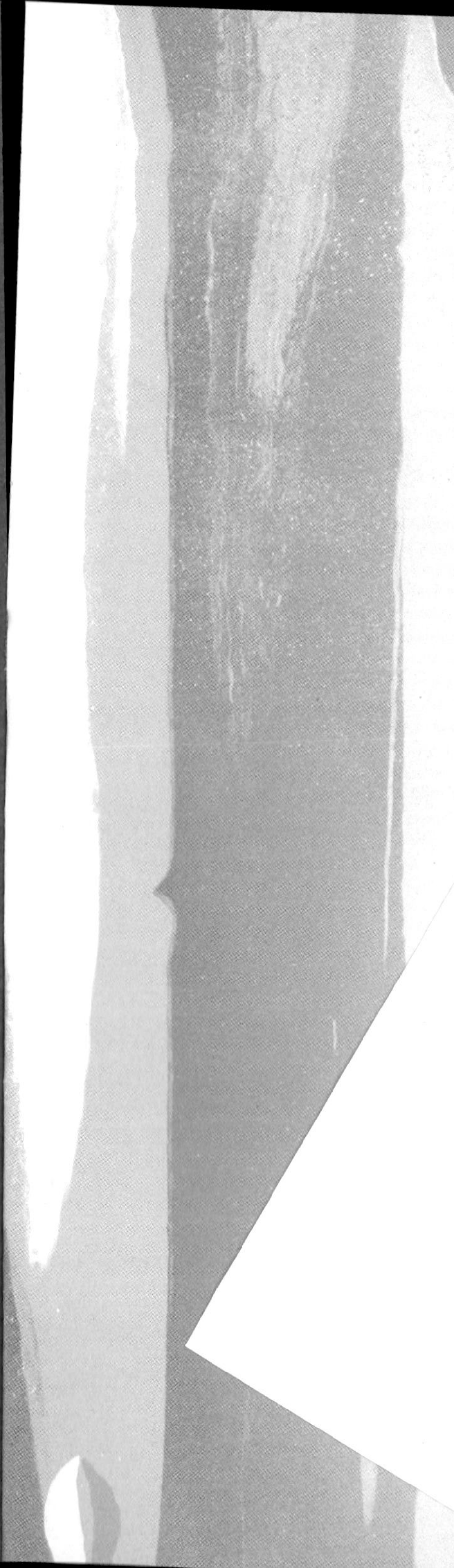

FEM
PSY

女性

目 录

一　女性阉割情结源起何处

我们对于女性阉割情结几种形式的认识，固然已经日趋全面[①]，但是，对于这种情结整体的本质，我们的认识还很不到位。我们掌握了许多资料，从这些资料中，我们发现整个现象呈现出很多特征，越来越值得人们关注。于是，这种现象本身就成了我们研究的一个问题。

对于我们迄今为止观察到的女性阉割情结的假定形式，有人做了一番调查，从中得出一些对女性而言显而易见的推论。我将这些推论概括一下，就是（其中部分内容原文引用了亚伯拉罕对这个问题的研究）：包括儿童和成人在内的许多女性，都有来自自身性别的困扰，有些是短时的，有些是长期的；在她们是小女孩时，曾渴望拥有阴茎，这是她们在心理上排斥自己的女性身份的最早源头；阴茎的缺失是一种先天缺陷，这种不那么让人高兴的想法，使她们产生了消极和积极的两种幻想，消极的就是阉割幻想，积极的就是对被偏爱的男性的嫉恨心理。这种想法也是至今流行的“阉割情结”概念的基础。

① 参见亚伯拉罕的论文《女性阉割情结的表现》，载于《国际精神分析杂志》1921 年第 3 卷第 1 页。——原注

在这个自成一体的阐述中，隐含着一个假设，那就是，没有阴茎这一生殖器官，使女性感到自己处于不利地位。这虽是假设，却是一个无须证明的事实，也恰恰是问题所在。或许在迷恋男性气质的人看来，这个事实根本就是不言自明的。在迄今为止的调查中，我们得出的结论是：整个人类当中有一半人都不满意自己的性别,并且这种不满只有在他们身处有利环境时才会消失。然而，这种不满，会让对自己的女性身份特别骄傲的人，根本无法接受。从生物科学的角度来说，也是说不通的。这就是说，女性遭遇阉割情结的形式，可能会严重影响神经症的发展，同时影响性格的形成，影响那些人生目标正常的女性的命运。那么，接下来要面对的问题是：这种阉割情结，是否仅仅是由于她们对阴茎缺失的不满造成的？有没有可能充当了其他某种作用力的挡箭牌？而且，在对神经症形成的研究中，我们多少已经了解了这种作用力。

对于这个问题，我认为它会受到多个方面的影响。而在这里，为了有助于解决问题，我只是单纯地从个体成长的角度出发提出我的观点。这些观点，源于我多年来同病人的接触，其形成是一个日积月累的过程。在这些病人中，女性占了大多数，她们的阉割情结总体而言显而易见。

如果时下流行的观点是正确的，即女性的阉割情结完全是由于对男性阴茎的嫉妒所致——在这里，女性的阿尼姆斯情结其实是阉割情结的同义词——那么，首先我们要面临一个问题：我们应该怎样观察到阴茎嫉妒这种几乎从未改变过的现象？要知道，当事人在生活中可能并没有表现出男性的行为方式，家中可能没有能让她产生嫉妒的被偏爱的兄弟，其人生经历中也可能没有一个“偶然发生的灾难[①]”导致她偏向更理想的男性的角色。

要发现问题的真相，还有更重要的一点：当问题被提出，那些我们已经非常熟悉的资料就会自动呈现出答案来。阴茎嫉妒最为常见、最直接的表现是，羡慕男人的小便方式，如果我们以此为切入点并重点核查相关资料，就会发现有三种因素构成了这种需要（即羡慕）。至于哪种因素更重要，时而是这种，时而是那种。

为了表达方便，我们将这种需要称为“尿道性欲”。这个因素太常见，太明显，因此一再地被大家提起。首先，我们要认识到这里面有一种夸大了的自恋：实际上，与认为自己无所不能的幻想——特别是虐待狂式的幻想——有关的，很可能是源于男性小便时的尿液喷射；其实，在儿童时期，尿道所起的主要作用只是排泄。我用一个例子来佐证这一观点，这是别人告诉我的：一个班级中的两个男孩相信，如果他俩在小便时想着某个人并尿成交叉的十字，这个人就会死去，这是从孩子幻想的角度出发的。基于此，我们再来评判尿道性欲能够激起多大程度的阴茎嫉妒。

年龄很小的女孩，不可避免地会产生一种同尿道性欲有关的、认为自己身处不利地位的强烈感觉。然而，就算这一观点是正确的，我们据此认为阉割情结的每种症状，以及所有男性小便方式的幻想都源于这种感觉，那还是夸大了它的影响力。相反，要找到产生并维持这种心理的动力，可以诉诸许多其他本能，首先就是主动和被动的偷窥癖。小便的情形就包含这种关联。男孩在小便时，

① 参见弗洛伊德的《童贞的禁忌》，载于《小型论文汇编》第 4 卷。——原注

要将性器官暴露出来，这在某种程度能够满足他对性的好奇，因为他可以看到自己的身体，他甚至很容易接受别人的窥视，那至少说明有人在注意他。

在我的一个患者身上，源于偷窥本能的这一因素表现得尤为突出。在诊疗的整个过程中，像男人那样小便的愿望一直占据着她的内心。这期间，每次和她进行心理分析的谈话时，她都会提到曾在大街上看到一个男人小便。有一次她忍不住说，如果她可以向上帝要一份礼物，那就是让她可以用男人的方式小便一次。说这话的时候，她的神态非常自然。事实上，导致这个患者产生如此强烈的阴茎嫉妒的重要原因，是男人小便时能看到自己的生殖器，而女人不能。可以说，在很大程度上，这个患者的心态还停留在前生殖器时期[①]。于女性而言，男性由于生殖器的可见性，自然就成了她们嫉妒的对象。也是基于同样的道理，男性认为女性隐藏的生殖器非常神秘。

在另外一个女性患者 Y 身上，源于偷窥本能的尿道性欲同样表现得非常明显。她采取了一种特殊的方式进行手淫，那就是像父亲一样站着小便。偷窥的本能是引发这个患者强迫观念性神经

① 弗洛伊德所划分的人格发展的第三阶段，也叫性器欲时期，约发生在 3~6 岁。在这一阶段，儿童性兴趣的集中表现为经常抚摸或显露自己的生殖器，并有性欲幻想。第二阶段是肛门期，约发生在 1~3 岁，此阶段儿童的性兴趣集中在肛门上，最喜欢大便。第一阶段是口唇期（也称口腔期），约发生在出生到一岁半，此阶段儿童获得快感的行为主要与口唇有关，比如吮吸、咀嚼、吞咽，等等。性器欲时期之所以又叫前生殖器时期，是因为正常的性兴趣——6 岁以后，即生殖器时期——主要以性交为对象，而不只是玩弄生殖器而已，也就是说，生殖器时期是人格发展的“第四阶段”。——译注

症的最主要原因。另一方面，因为担心被发现，伴随着手淫她会产生非常严重的焦虑情绪，所以，她希望回到小女孩儿时期。她表示：希望自己也能像父亲一样，在每次小便时能展示自己的生殖器。

我的观点是，偷窥本能是一个非常重要的原因，使得女孩们在涉及阴茎嫉妒的问题时羞于启齿、过分窘迫。由此进一步推测，我认为，造成男性和女性在穿着上的差异——至少对我们的文明而言——是这样一种原因：女孩无法展示生殖器，但是存在渴望展示的倾向，于是她们展示自己的整个身体来满足欲望，这其实是一种倒退。基于此，我们就可以解释为何女性穿低领口的衣服，而男性却穿礼服大衣。当大家在讨论男女之间观念的差异时，总是首先提到一个标准：相较于男性的比较客观而言，女性要更为主观一些。我认为，偷窥本能与尿道性欲的关系，在某种程度上也对这个标准进行了解释。导致这一标准形成的原因是：男性通过审视自己的身体，就可以满足自己调查和研究的冲动，这种冲动可能或者必然会转向外部世界；但是女性不同，不能认识自己的身体，这件事让她们很难释然，从而就很难满足自己。

另外，受压抑的手淫愿望，也是我假定导致阴茎嫉妒的一个因素。不可否认，这种欲望经常被隐藏得很深，但是实际上依然非常重要。这种因素产生的心理机制是：男孩可以手淫，因为他们小便时是允许握住他们的性器官的。当然，这一心理往往是潜意识里的。

一个女孩抚摸了自己的阴部，因而被父亲教训了一通。一个同类患者见到后非常气愤，她对我说："那样的事情他自己每天要做五六次，却不许他女儿那样做。"相同的心理机制，在患者Y的事例中也同样可以看到。Y手淫的方式，首要取决于用男性的方式小便。只要她潜意识里坚信自己应该是一个男性，那么这种手淫的欲望就会始终存在。

经过对这一案例的观察，我得出一个非常典型的结论：因为身体结构不同，女孩不能做男孩能做的事情，她们觉得这非常不公平，因而女孩抑制手淫时会遭遇非同一般的困难。或者我们可以从另外一个角度来假设：身体结构固有的差异，很容易引起被伤害的感觉。这样一来，就可以解释成年女性为何会不满于自己的女性身份：儿童早期的体验使她们意识到，在性生活中男性比女性更自由。

关于男性情结、尿道性欲以及幼儿的阴蒂手淫之间的密切关系，凡·奥菲尤森在他关于女性的男性气质情结的著作中进行了分析，并强调了这种关系对他的强烈触动。这种关系也可以在我的分析中发现。

最初的问题是：阴茎嫉妒为什么是一个典型的事件？通过以上分析我们可以作一个简单总结，就是小女孩并非天生带有自卑感，亚伯拉罕在一篇文章中也指出了这一点。在前生殖器时期，小女孩在满足本能方面，受到诸多先天的限制，相比之下，男孩要自由得多。给女孩带来深远影响的正是这些限制。如果从处于这一阶段儿童的发展来看，小男孩更容易获得某种满足，相比之下，小女孩要更困难一些。这是事实。其实，在女孩的生活中，必然会出现阴茎嫉妒的现象，并且，这种现象只会让女性的发展变得混乱和复杂——对上述事实没有深刻认识，就难以理解为什么会这样。而且，小女孩阶段的这种缺憾，即便她已成年并在性生活中占据有利地位（我指的是她成为人母时），也远远不能弥补。

我要就此打住了，不再过深思考这个问题，现在要谈第二个更为普遍的问题。这就是我们刚才讨论的情结是否确实建立在阴茎嫉妒的基础上，阴茎嫉妒是不是驱动这一情结的根本力量？

从我们的角度考虑，要解决这个问题，必须先考虑到：阴茎情结可能会在或大或小的程度上被克服，也可能会出现退缩性强化，甚至自恋变成固恋[①]，这里面的决定因素是什么。因此，对于这种案例中出现的力比多[②]的形式，我们必须进行更为深入的研究。

研究发现，那些明显地表现出想让自己变成男性的女孩，在生命的最初阶段会经历一段异常强烈的恋父时期。也就是说，对母亲，她们可以保持正常的认知，从而控制住俄狄浦斯情结[③]，但她们同母亲一样，对父亲产生了爱意。

女孩处于这一阶段，如果想要克服阴茎嫉妒，就我们所知道的，有两种不伤害自己的可能方式。一种是将阴茎幻想转化为女

---

① 固恋，指性心理的发展停滞在成熟阶段的某一点上。——译注

② 力比多（libido），由精神分析大师弗洛伊德提出的一个术语，意思是性力，但不只是生殖意义上的性，而是指一切身体器官产生的快感；不过，一般人想到力比多首先联想到性，因此可以认为，性力或性能量是狭义的力比多。——译注

③ 俄狄浦斯情结的说法源于古希腊一个弑父恋母的故事，指的是包含儿童对养育自己的父亲之爱和恨的一整个心理结构，外在表现形式体现为一个由个体自身、所爱的对象、禁忌的制度组成的三角人际关系结构。中文有时说成“恋母情结”和“恋父情结”。——译注

性对男性的一种性欲（通常这个男性会是父亲），严格说来，这种转移是通过认可自己的母亲实现的；另外一种是变为想要孕育小孩的欲望，对象也是父亲。无论心理上是否健康，女性性格上的自恋以及占有欲是接下来爱情生活中各种心态的根源。弄清这一点是很有启示作用的。

从目前的这些案例来看，女性心理在发展的同时，母性心理无疑也在发展。患者 Y 的表现同其他谈到的案例相同，在精神上承受着阉割情结的压力，同时有许多和强奸相关的幻想。由于她是以一个清晰的父亲的样子去定义强奸她的男性的，所以这些幻想只能有一种解释，那就是最初幻想的重复。在以后的生活中，她仍然会认为自己在沿袭母亲的做法，认为自己同母亲一起占有父亲的全部性行为。有一点尤其重要，就是在刚开始分析的时候，这个在其他方面非常清醒的患者，就特别倾向于把这种强奸的幻想看成一种事实。

这种执着，即把最初的女性幻想当成现实，也出现在其他案例中，只是在方式上有所不同。另外一个患者，我称其为 X，在同她的交谈中，她的许多话充分体现她把这种对父亲的爱看成“事实”。她有一次回忆了父亲唱一首情歌给她听的情景，其间，她像幻想破灭一样绝望地大叫着说：“但这完全是在说谎！”同样的想法也表现在她的另外一个症状中，在这里，我想引用这个症状用作全部类似群体的典型。这症状就是，她强迫性地想吃大量的盐。

很小的时候，她看到母亲因为肺病而不得不吃盐，但她下意识地认为，这是父母性交造成的。这种病态的潜意识的原型是她希望父亲像对待母亲一样对待自己的愿望。她之所以会认为自己是个娼妓（事实上她还是一个处女），也是由这种想象造成的。同时，这种想象还让她产生了一种要向任何新的倾心对象表白的冲动。

大量的观察结果告诉我们，认识到如下一点明显是很有必要的：基于认同母亲，在儿童期建立起占据父亲全部性爱的幻想是非常重要的，这是生物演化过程在个体发育上的重复。进一步讲，在遥远的时代，女性是男性的主要财产，因而这种幻想所带来的感受非常真切，就像它真的发生了一样。

我们已经知道这种爱的幻想，一定会被现实击败。由此产生的受挫的感觉，通常会转化为一种极其严重的失望，其烙印之重，甚至成为一种神经症。这表现在我们接下来要研究的阉割情结案例中。这种失望，会使当事人在现实中出现情绪波动。依恋父亲的关系是不真实的，可是，如果依恋过于强烈就让人有这种体验——不承认它不真实。在另外一些案例中，患者会失去对现实的正确把握，进而混淆了自己与双亲的实际关系，最后，她们在幻想中无法自拔。这是由于最初的幻想有非常的强大力量。

她们产生了这样一种感觉：她们的父亲曾经的确是她们的情人，后来，他抛弃了她们，或对她们不忠。但在某些时候，患者又开始怀疑：我是否只是在凭空想象整件事情？这种事情是否是真实的？这种疑虑将会在我下面要谈到的关于患者 Z 的案例中明显地表现出来。不管是在什么时候，不管是哪一个男性表示被她吸引，患者 Z 都会产生一种焦虑感，害怕对方的爱慕完全是一种虚幻。就算已经订婚了，她仍然不断地告诉自己：这不单单是我的想象，他对我是有好感的。她在一个自己编织的幻想中想象着：一个男性攻击了她，她击中了对方的鼻子，并将其打倒，然后用脚踩住了对方的阴茎。此时的她，想控告这个男子，又害怕他会说这种场景完全是她自己的想象，于是，她努力把念头压下去。在谈到 Y 的时候，我已经说过，她质疑过自己被强奸的幻想是否真实，并且这种质疑同她对父亲早期的感受大有关系。她很可能设想出了一种方法，使她可以对生命中所有事件抱以怀疑，并基于这种怀疑染上强迫性神经症——怀疑就是从这种早期感受中产生的。关于怀疑的起源，一个是我们已经熟知的性别不定[①]，而在 Y 以及其他患者的案例中，还有更深刻的原因。

X 经常沉醉于早年生活的各种回忆，她宣称，那生活是一种胜境。有一次，父亲惩罚了才五六岁的 X，可那是不公平的，于是她的记忆中就此埋下了深深的失望。当她知道即将有一个妹妹时，便觉得妹妹会夺去父亲对她的爱。深入地分析，在她对妹妹的嫉妒背后，显然有一种强烈地对母亲的嫉妒。她之所以会产生这种嫉妒，首先同母亲的多次怀孕有关。她曾经抱怨："妈妈总是有小孩。"此外，在另外两个更深的根源上，她也感到父亲对自己不忠，但这种感觉受抑制程度更强烈。两个根源之一就始于亲眼看到父母性交之后产生的对母亲的嫉妒。但是，那时的她不可能把看到的实际情况同自己是父亲情人的想象结合起来，因为她还无法辨别什么是真实的。谈话中，有一次我说"失望之后"，她却听成了"失望的夜晚"，还联想到了另一番情景：在那个夜晚，特

① 弗洛伊德对这种怀疑的解释是怀疑爱的能力。——原注

里斯丹和伊索尔达做爱，布朗嘎纳负责放哨。借此，我才能够找到她感情的最初根源。

她谈恋爱，首先和一个替代父亲的人谈，然后发现对方背叛了自己。她的反复倾诉已经非常清楚地证明，这种经历对她来说是最典型的。通过这类事情可以清楚地看出（虽然我没有明说），她的内疚感就是造成这种情结的最终原因。按人们当然的理解，此类感情的很大一部分最初是对父亲的谴责，然后变成责备自己。在她的身上，我们可以很清楚地看到愧疚感，特别是由于想除掉母亲——在患者那里，“除掉她”有一个特别意义，就是“取代她”——而产生的内疚感。而且这愧疚感使她盼望父女关系能够发生一次灾难。

这个案例还出现了和父亲生孩子的欲望[①]，而我想强调的是，这种欲望的重要性让我印象深刻。这种欲望具有无意识的力量，我觉得我们往往低估了这股力量；特别容易低估的，是相比其他许多性冲动更容易使自我满足的力比多。因此我才要强调力比多和阴茎嫉妒情结有着双重关系：其中一方面是众所周知的“不自觉的力比多强化[②]”，即对阴茎的向往增强了母性的本能。其实，早在以自身为性体验对象——性自体[③]的阶段就有这种欲望了。肛门期的想法，使得阴茎需要得以延续下来。这其实是一种退化，而

① 参见奥托·兰科的论文《性变态和神经症》，载于《国际精神分析杂志》第4卷第3部分。——原注

② 参见弗洛伊德的《论肛门情欲本能消失》，载于《小型论文汇编》第4卷。——原注

③ 儿童人格发展的第一、第二阶段的主要表现。——译注

且生育欲望又强化了已然复苏的阴茎需要。当小女孩失望于她与父亲的关系后，就把独占父亲和为其生小孩的愿望全部放弃了。

这种关系在患者Z的事例中表现得十分明显。当强迫性神经症的几个症状已经不复存在，Z身上仍然存有一种对怀孕和生小孩的真切恐惧，这是Z保留到最后的一种症状，也是最为顽固的一种症状。后来的谈话表明，这种恐惧在她两岁母亲怀孕并生了一个弟弟时就产生了，而当她长大后，对父母性交的目睹，延续了这种恐惧。人们在很长一段时间内，认为阴茎嫉妒情结的关键部分适合用这样一个案例来说明。可这种“适合”是不正常的。她的病情是这样加重的：她渴望拥有阴茎，她很生气自己在家中的地位被弟弟夺走，可当她察觉到这种渴望和愤怒之后，却只能把它们藏在心里。我们考察女性报复男性的心理，发现了对阉割的强烈幻想；我们考察女性对女性职责以及功能的批判，发现对怀孕的批判最严厉——在这些考察中，都伴随着阴茎嫉妒，而且这嫉妒最后变成了无意识的同性恋倾向。只有分析到最后并揭露出可以想象的底层反抗时，阴茎嫉妒的原因才能凸显出来，那就是：母亲本人才是产生阴茎嫉妒的根源，而不是母亲为父亲生了小孩。通过替代作用，对小孩的这种嫉妒换了一个模样，阴茎取代孩子而成为一个新的嫉妒对象。同样，她对弟弟的强烈愤怒事实上是针对她的父亲和母亲的。母亲给父亲生了孩子，而不是自己给父亲生孩子，这件事在她想来是父亲的一种欺骗。她要摆脱这种阴茎嫉妒，要逃离成为男性的欲望，要成为一个真正的女人，甚至生一个自己的孩子，唯一的办法是放弃这种被母亲取代的感觉。

这样的一个过程大概可以这样描述：（1）关于生孩子的嫉妒，转变为对弟弟及其生殖器的嫉妒；（2）将父亲作为爱情对象的关系，其实是一种对抗关系，现在转变成了对父亲的认同。后一机制就是弗洛伊德所发现的机制。

我之前已经说过了对男性气质的要求，这要求就体现在上述机制中。不难看出，从一般意义上去理解她想要成为男人的愿望是不对的。要求扮演父亲的角色才是真正的意愿。因而，她择业时选择跟父亲一样的职业；在父亲去世之后，她以自己是母亲丈夫的高傲态度对待母亲。当她打了一个很响的嗝，她在心里用“嗯，很像爸爸”这样的话来肯定自己。但实际的情况是，这还算不上以一个同性为爱情对象，很明显最多只是向性自体阶段的退化：完全看不出她的目标力比多将怎样发展。一句话，为使阴茎嫉妒处于一个掌控全局的最显眼位置，需要让阴茎嫉妒变得更加强烈，这是幼儿嫉妒的转移——即从嫉妒兄弟本人到嫉妒其生殖器——对父亲的逐渐认同、对前生殖器时期之回归的共同发展方向。

我现在觉得，在这里明显表现出阉割情结的案例，也包含着俄狄浦斯情结十分典型的发展。它是这样一个过程：认同母亲的阶段在很大程度上被认同父亲阶段所取代，从而回到前生殖器时期。是什么原因导致了女性阉割情结呢？我认为就是这种对父亲的认同过程所导致的。

在这一点上有两个不同的意见，我想立即做出回复。第一个不同意见可以这样概括：这种在父母之间的摇摆并不是什么奇怪的事情，我们在每一个孩子身上都可以看到这一现象。要知道，根据弗洛伊德的观点，我们每个人的力比多终生都摇摆于男性和女性之间。第二种反对意见与同性恋有关，它可以这样概括：同性恋的基础在于认同父亲这个方向上的性格发展，也就是我正在描述的过程，即导向阉割情结的过程。前一论点见于弗洛伊德关于论述女性同性恋之精神起因的一篇论文，我之所以能够理解女性的阉割情结，刚好得益于它，因此我才强调这一事实，以此回应反对意见。力比多在这些案例中的骤变和摇摆，在同性恋的案例中对父亲爱恋的压抑以及认同是两个相似的过程。可从量的角度来看，前一过程超出了正常水平，后一过程所起到的作用不是很好。因此，不能以两者的相似点作为有力证据来否定女性阉割情结所具有的意义，它反倒说明同性恋现象并不是孤立的。

我们知道，任何一个主要关乎阉割情结的案例都会在某种程度出现一种明显的同性恋倾向。扮演父亲的欲望和扮演母亲的渴望，在某种意义上讲是相当的。在回归到自恋和向同性恋对象发泄性欲两种情况之间，有许多不同程度上的密切关联，这些关联使我们能够给出关于同性恋的最好证明，因为它们组成了连贯的无间断的系列。

这里还出现第三种不同意见：阴茎嫉妒与认同父亲过程的关系。一种异常强烈的阴茎嫉妒，可见，这种批评和阴茎嫉妒有时间和因果上的关联。在我看来，无论是本质的结果，还是个人经验的结果，非常有力的阴茎嫉妒确实可以帮助患者做好准备，向着自己和父亲合二为一这种观念转变。但是，我所描述的这些案例以及其他案例，显示出已经形成的一种强烈的、完全女性化的、对父亲的爱恋关系，就是阴茎嫉妒。要让患者抛弃这种女性角色，她必须对这种爱恋关系感到失望。阴茎嫉妒之所以能够再次复苏，就是这种放弃以及随后对父亲的认同共同作用的结果。若要患者投入全部感情，她的阴茎嫉妒就必须从这些富足的资源中吸取有用部分。

最基本的一点是，现实感将被唤醒，至少是在某种程度上被唤醒。这是因为，虽然对父亲认同，但也会产生厌恶。因此，为满足自己，小女孩必须要承认她自己没有阴茎，或者想象它可能是存在的；她满足自己的手段，不能再像以前一样只是对阴茎的深切渴望。这些想象将怎样发展，完全取决于这个女孩的情绪。这种情绪的一个典型特征，可能是未完全浇灭对父亲之爱恋的情感，在失望时产生的一种强烈的愤怒和报复心理，最后是一种被强烈唤醒的负罪感。这种负罪感源于她在被剥夺这种情感的压力下所幻想的与父亲乱伦。父亲是这些想法始终针对的目标。

在多次提及的患者 Y 的身上，我非常清楚地看到了这一点。我已经说过，被强奸的幻想在她想来是事实。这些幻想最后要归于她的父亲。她以一种儿子对待母亲的态度来对待自己的母亲，表明她已经在很大程度上认为自己就是父亲。她还做了一个梦，在梦中，她父亲被一条蛇或野兽攻击了，她立即救了他。

她想象自己的生殖器部位长得畸形，并且似乎受到过某种伤害。她的阉割情结经常表现为这种想象。她从这两点想象开始产生了许多奇怪念头，并将它们归因于被强奸。实际上，这些暴力事件的真实性，乃至她与父亲恋爱关系的真实性，都是她通过有关生殖器的固执感觉和想法来证明的。幻想对她而言的重要性，以及她所承受的重复性强迫的压力，通过如下事实得到充分说明：她曾执意做了六次剖腹手术，其中有几次之所以要实施只是因为感觉到了疼痛，最后，她不得已才接受我们的精神分析。还有一位患者，她选择将持续的疼痛感转移到了其他器官上，而不要精神分析。她说："我的心脏、肺、胃和肠很明显已经发生了器质性病变，因此精神分析对我来说无疑是荒谬的。"结果，临床上治好她的症状后，却发现她得了严重的抑郁症。其阴茎向往的表现形式，不可不说独特至极。她那幻想即现实的信念是如此坚定，以至于她有一次差点强行要求进行肠道手术。在她幻想的时候，经常觉得父亲会伤害病中的她。事实上，当这些忧郁症逐渐变好，她头脑里被伤害的幻想变成了她神经症最明显的特征。我认为，单单用阴茎嫉妒来解释这些现象，不可能令人满意。要明显看到它们的主要特征，我们可以这样看待这些现象：它们是一种冲动之下的重新体验，即强迫自己忍受因为父亲所遭受的痛苦，来向自己证明那些痛苦真的发生过。

展现这一基本幻想——受到阉割是因为与父亲有某种爱情关系——的资料，也许不计其数，但它们不过是重复表明它有多种不同的表现形式。这种幻想是非常典型而且重要的，这样的论断是我通过观察得出的，许多个案已经让我非常熟悉它了。我想，不妨说这种幻想是整个女性阉割情结的第二个源头。

这种联系有什么重要意义呢？女性特性当中，有一部分非常重要，且受到压抑。该部分与阉割幻想关系甚为密切。或者说，在因果上考虑，加强女性的阉割情结的，正是被压抑的这部分女性特性；女性的发展之所以受到阻碍，就是由于阉割情结（但它不是最主要的原因）。

对男性仇恨的最主要基础，也在这里出现了可能性。对于有着明显的阉割情结的女性而言，这种态度是她们的一个突出特征。对于阴茎嫉妒所产生的这种态度，以及小女孩未能收到父亲的礼物——阴茎——后的失望，我们希望给出一个解释。但与此同时，通过深入的心理分析表明，我们对这些事实解释的说明不能令人满意。当然，通过心理分析也有所发现，那就是，比起埋藏得更深的被压抑的幻想，阴茎嫉妒更容易暴露。还有，并没有什么负疚感是依赖于阴茎嫉妒的，因为，跟父亲的性行为会剥夺与其他男性性交机会，她们这样的想法往往只是一种幻想。

在患者的幻想中，与之性交的第一个人应该是父亲，因此，那些糟蹋处女的男性，往往会成为报复男性之态度所针对的对象。这是一个相当自然的解释。因此，在以后的实际爱情生活中，她的第一个伴侣就成了父亲的替身。这是一种很特别的替代方式。弗洛伊德有一篇关于童贞禁忌的论文，里面论述风俗习惯的内容也阐述过这种观点，不过据他所说，实际上是父亲替代者在奸污处女。同父亲性交的幻想，就是奸污处女的行为的重复，因此，蹂躏处女的行为改变了所有有关幻想行为的情感的面貌，只不过患者是无意识的。这些相关情感就是：强烈的依附感与憎恶乱伦的情感联系在一起。前面已经提到的报复态度，是因为患者对爱情失望了，并感到幻想行为被剥夺了。

到了这里，我的讨论可以进入尾声了。女性阉割情结的一个重要原因确实是源自阴茎嫉妒造成对女性角色的不满。这就是我唯一要论述的问题。通过讨论我们明白了两点：一是对女性生殖器结构的认识在女性的心理发展上有着重大意义；一是阉割情结在她们身上表现出来的方式，从本质上取决于阴茎嫉妒。然而，阴茎嫉妒也造成了对女性身份的批判这一观点，目前还无法得到确认。相反，我们能够看到即便存在阴茎嫉妒的情结，仍会对父亲产生深情地爱恋；阴茎嫉妒使患者厌恶自己的性别角色之前，这种关系必定已经破裂了，而其表现方式则是俄狄浦斯情结。

认为自己等同于父亲的女性神经症患者，否认自己的性别角色；认为自己等同于母亲的男性神经症患者，也以同样的方式否定自己的性别角色。根据这一点，我认为，在男性神经症患者的阉割恐惧背后，隐藏着一种与女性神经症患者的阴茎向往相当的、不被重视的阉割愿望。这种对称关系完全可以更加明显，除非男性内心认同母亲的态度不直接对应女性内心认同父亲的态度。于男性而言，集中体现在生殖器上的惩罚所带来的恐惧，由于两个原因变成现实：一是他有两种互相矛盾的心理，一种是想成为女性的意愿，一种是有意识的自恋；二是他想成为女性的念头被否定了，不过，这个原因只是暗示着惩罚将成为现实。于女性而言，对父亲的认同，在以前就有一种愿望跟它是同方向的，现在它又被这愿望证明是对的，于是产生了一种无罪一身轻的感觉，而不会产生任何的愧疚。有一种结论本身应该受到批判，那就是成为女人是不幸的。这感觉产生于阉割观念和幻想与父亲产生乱伦的关系（我前面已有描述）。

已经出现越来越多的女对父或子对母的认同了。在《忧郁和忧郁症》[1]《一名女性同性恋的精神起因》[2]《团体心理学与自我分析》等论文中，弗洛伊德也越发频繁地指出这一点。我认为，男性或女性同性恋和任何阉割情结的发展关键正是基于这种认同。

---

① 参见《小型论文汇编》第 4 卷。——原注

② 参见《国际精神分析杂志》第 1 卷第 125 页。——原注

二　对女性角色的拒绝

从女性的男性气质情结看两性

我们的分析研究存在某种片面性，弗洛伊德已经注意到了这一点，并迫切地写入了他最后的著作中。我说的这种片面性，截至目前，我们的研究对象仅局限于男孩和男人的心理。

为什么会出现这种情况呢？原因很简单，创立心理分析学的是一个男性天才[①]，发展其思想的人也几乎都是男性。于是不难理解，对于他们来说，发展男性心理学和更多地理解男性的发展自然要容易得多，而对女性心理问题的研究就不是那么收放自如了。

弗洛伊德发现，对阴茎嫉妒的研究是了解特定女性的一个重要里程碑。此后不久，凡·奥菲尤森和亚伯拉罕也得出成果：在女性发展及神经症的形成过程中，阴茎嫉妒的影响非常巨大。阴茎嫉妒的含义最近被前生殖器时期的假说拓宽了。这种假说可以概括为：在男女婴儿的生殖结构中，起决定性作用的只有男性生殖器官[②]。婴儿组织结构与成年人最终的生殖器结构区分开，正是

---

① 就是弗洛伊德，基于他长期对神经症患者的临床治疗经验。——译注

② 参见弗洛伊德的《力比多幼儿的生殖器结构》，载于《论文汇编》1923 年第 20 期第 2 卷。——原注

基于这种假设。阴蒂在这个理论当中被认为是阳具，因此，我们做出了一个假设：在最开始的时候，女孩对阴蒂的依恋，男孩对阴茎的依恋，具有完全相同的价值[①]。

前生殖器时期对后来的发展有抑制和推动两种作用，抑制与推动分别针对整个发展的两个阶段。海伦娜·多伊奇主要对抑制作用进行了论证。她认为，在性器官发育、性交、怀孕和分娩等性功能的初期，这一阶段会重新散发活力，如果想要获得女性态度，必须要在克服这一阶段之后才能实现。对于她的解释，弗洛伊德持肯定态度，在他看来，想要孩子的愿望只有经历了阴茎嫉妒并且克服了阴茎嫉妒才能挑起，孩子对父亲的依恋也是这样产生的[②]。

这些假设能否让我们更清楚地了解女性发展（弗洛伊德对此的表述并不能让人感到满意，同时也阐述得不完全），是我们现在所面临的问题。

如果用全新的观点来看一个早已经熟悉的问题，往往会有所收获，这是科学研究中经常出现的一个现象。不这样的话，我们就会做一件危险的事情，就是先前的观点已经定义清楚并进行了分组，可我们却下意识地把所有的新观察也分进这些群组当中。

我想说的新观点正是格奥尔格·齐美尔[③]在一些作品中阐述的哲学观点。齐美尔的观点大致是这样的：男性文明构成了我们的整个文明，国家、法律、宗教、道德和科学，无一不是男性创造

① 参见海伦娜·多伊奇 1925 年的《对女性功能的心理分析》。——原注
② 参见弗洛伊德的《由两性解剖差异导致的心理后果》，载于《国际精神分析杂志》1925 年第 11 期。——原注
③ 参见格奥尔格·齐美尔的《哲学文化》。——原注

的。这一点在后来有多种方式的详细阐述，尤其是从女性角度上的阐述[①]。如果是其他作家，可能大多会从这些事实当中得出女性地位低下的结论，但是齐美尔没有这样做，他的做法是给男性文明这一概念以足够的宽度和深度："爱国主义、艺术需要、一般的道德需求、社会观念、理论知识的客观性、实际判断中的正确性、生活的活力和奥妙，从形式和要求来看，这些分类都属于一般人文科学。但如果换一种观察的角度，从它们真正的历史的面貌来看，这些就彻头彻尾是属于男性的。这些被看作绝对思想的事物，如果我们以'客观的'一词来评判的话，就会发现有一个公式很适用于人类历史，它就是'客观的 = 男性的'。"

是什么原因导致这些历史事实难以分辨清楚？齐美尔的解释是："人类用来评判男性和女性天性的价值标准源自性别差异，它的实质是男性的，并没有保持中立…… 我们认为性别问题也属于纯粹的'人类'文明。这一点阻碍了其他类似文明的实际存在，也就是说，它使人不成熟地认为，'人'[②]和'人类'[③]两个概念是同一的，在许多语言中，这两个概念甚至是同一个词。作为我们文明之基础的男性特征，是来自本质上的性别特征，还是仅仅来自男人的某种力量优势呢？关于这个问题，我暂时还不能下定论。但有一点起码可以确定，就是在多数领域，不那么令人满意的成绩被认为是'女人般的'，而女性如果成绩突出则被认为是有称赞

① 特别参见凡尔汀《阿尼姆斯和阿尼玛》一书。——原注
② 德语当中的人类是 Mensch。——原注
③ 德语当中的男人是 Mann。——原注

意味的‘充满男性气质’。”

直到今天，同所有科学和价值观的考虑一样，人们在思考女性心理时，仅仅是从男性的角度出发。男性认为保持客观之所以有效，就是因为男性与女性的主观和情绪化的关系，而且，由于他们所处的有利位置，他们势必认为这种归因是正确的。戴里奥斯认为[①]，时至今日，欲望堆聚和男性失望的一个实际代表就是女性心理学。

另一个因素也非常重要，那就是女性已经适应了男性的意愿，并且认为那样做是天经地义的。换句话说，无论是过去还是现在，女性都在以男性要求的标准看待自己，即不自觉地服从男性思想的暗示。

无论男性个体还是女性个体，要真正撼动这种思维方式是非常困难的。如果我们能够清楚地认识到我们所有的存在、思想和行为，在多大程度上符合男性标准，就能明白这一点。

不得不说，在眼下的阶段，人们只考虑男性的发展。即便在对女性进行研究的时候，这种思维惯性也是分析心理学无法摆脱的，除非完全超越这个阶段。也就是说，按上面分析的那样，女性的发展程度是按男性标准衡量的，可是，女性真正天性的发展程度是这种分析无法十分准确说明的。

如果我们如上这样来分析问题，就会得到一个让人惊讶的发现：按照目前对女性发展的分析结果，真正的女性观念与男性关于女性的典型观念之间有显著差别。

---

① 参见戴里奥斯《女性的觉醒》。——原注

我们已经熟悉男孩子的观点了。为了方便进行对比，我在这里同时列举了男孩的观点和我们关于女性发展的观点，并在列举时尽量用简洁的词语。

男孩的观点

女孩和男孩一样也有阴茎，一个天真的想法发现女孩其实没有阴茎

认为女孩是被阉割过的，是一个残废的男孩

认为女孩曾经被惩罚过，同时自己也会受到这种威胁

认为女孩是地位低下的

无法想象对于这种不足和嫉妒，女孩应该怎样加以克服

害怕她嫉妒

我们关于女性发展的观点

在两性关系中，起决定性作用的是男性的生殖器

悲伤地发现女性并没有阴茎

认为女性曾经也有阴茎，但是之后被阉割了

认为阉割是痛苦的惩罚

女性认为自己地位低下，对阴茎产生嫉妒感

缺失感和自卑感是女性始终无法克服的，她们只能不断控制自己想成为男人的欲望

由于男性有自己所没有的东西，女性一生都想报复他们

这肯定不是一个客观的标准，因为两类观点是如此严格一致地对应。小女孩在婴儿期的生殖器组织与男孩的生殖器组织有某种相似，在今天的人想来，这种相似也是惊人的。

但这一点必定会对我们造成影响：一是让我们的思考更加深刻，二是让我们考虑是否还有别的可能。例如，我们会反思，女性对男性标准的适应是否会压抑住小女孩特有的天性，因为那种适应发生的时间是那样早，并且发展到了那样高的一个高度。格奥尔格·齐美尔也是这么想的。我认为在儿童时期，男性观点的确很可能产生了一定影响（这一点我在后面也会谈到），但我暂时不清楚天赐的性格是怎样被不留痕迹地吞没的。这个时候我有必要重新关注前面提到的一个问题，那就是我已经从男性的观点出发阐述了一种明显的相似，因此，在我们的观察中这些阐述可能不是片面的。

但是，由于我们的分析研究建立在经验的基础之上，我心里很快否定了上述假设。然而，从我们已知的理论科学来看，所有的经验基本上都包含某种主观因素，因此，以此为基础并不总是可靠的。或许还有一种更严重的情况：我们的分析经验都来自对记录患者的自由联想、梦境的回忆、神经症状的资料的直接观察，以及我们关于这些资料做出的解释或得出的结论。因此，理论上说，就算我们能够正确地运用了技术方法，经验的多种可能变化也是无法排除的。

如果我们不按照男性的思维模式进行思考，应该可以发现，几乎所有的女性心理问题都会呈现出另外一番模样。

在精神分析这一概念中，两性生殖器的差异一直是重点，或者说起到了决定性作用。这是我们首先想到的事情。同时，我们忘记了，在生育功能中男女两性起到了不同的作用这一巨大的生物学差异。

菲洛恩兹关于生殖器的理论极出色[①]。它非常清晰地论述了男性观点对母亲身份概念造成的影响。他认为从回到母亲子宫的欲望中可以看到性交引起刺激的真相，看到两性本质上的终极意义。男性通过一段时间的竞争，生殖器被允许插入子宫。出于不得已，以前处于附属地位的女性让自己的身体适应了这一器官，并且得到了某种程度的弥补。如果不能，为了让自己获得满足，她只好幻想出某种替代物。于她而言，最大的幸福和最重要的一点，就是能养一个孩子。当生育孩子的时候，她至少能够享受否认男性的快乐，而且这种快乐只有此时才可能实现[②]。

如果承认这种观点，就可以说女性定然不会感到快乐，因为她没有任何真正的原始冲动，或者说至少没有获得直接的满足，哪怕这种满足是局部的。如此一来，同男性相比，她渴望性交的冲动以及由此带来的乐趣就少了很多。其原因在于：最初想得到的某种满足女性只能间接迂回地获得，通过性受虐狂的间接方式获得一部分，通过承认自己所怀孩子获得一部分。但是这些仅仅是对那种满足感缺失的补偿，最终让她认为自己优于男性的事情是分娩，这也是唯一必须由女性来实现的一件事。但是，这种事

① 参见菲洛恩兹 1924 年的《关于一种生殖器理论的实验》。——原注
② 参见海伦娜·多伊奇 1925 年的《对女性功能的心理分析》。——原注

不可避免地具有不确定性。

说到这点，即便是身为一名女性，一些问题仍然让我很不解：母亲拥有怎样的身份？她一天天盼望着体内的这个新生命，体会到的是一种怎样的奇妙幸福？当这个新生命降生，她把婴儿抱在怀里感到的又是一种怎样的快乐？当她给婴儿喂奶，又是一种怎样愉快的满足？当婴儿需要她照顾，又是一种怎样的幸福？

在谈话过程中，菲洛恩兹表达了他的观点。可以大致概括为：母亲的身份，以及母亲身份意味着的一切责任，都是被两性冲突初期胜利的男性附加女性的。这一结局，让女性无处倾诉悲苦。

不可否认，母亲的身份对社会竞争而言可能是一种阻碍，并且这种情况一直没有变化。但真是这样的吗？当人类和自然的亲密度增加后，这就难说了。

还有，我们对阴茎嫉妒的解释没有参考社会因素，而只是从生物学角度出发。相反，在社会角度上解释女性之不利地位时，习惯于解释为合理看待阴茎嫉妒的结果。

但是，从生物学的角度来观察女性，她们也可以有一种当然的、必须承认的生理优越感，这种优越感就在于她们的母亲身份或做母亲的能力。男性的一种心理——男孩对母亲身份不自觉地强烈嫉妒——已经体现了这一点。我们对这样的嫉妒是很熟悉的，但是几乎不可能将其当作一种动力源泉而加以接受。如果谁先在很长一段时间内分析了女性，而后再开始分析男性，就会非常惊讶于这种对怀孕、分娩、做母亲以及哺乳的嫉妒也很强烈。

从分析结果中得到经验的人自然质疑：上述关于母亲身份的

观点，似乎并没有理性地表达出一种不自觉的轻视男性的倾向。这种倾向的表现是：在现实生活中，女性对阴茎确实有所向往，而且一旦女性完成了力所能及和可以承诺的事，再去参与生存斗争，母亲身份便成了一个严重的负担。但这个负担是男性不必承受的，为此男性感到很高兴。

海伦娜·多伊奇写道，阿尼玛[①]情结对男性的作用不如阿尼姆斯情结对女性的作用大。需要指出的是，她这样说的时候，忽略了比起女性的阴茎嫉妒，男性嫉妒更可能得到升华这一事实。而且，男性嫉妒是文化价值建设过程中的主导力量，或者至少也是驱动力量。

这种文化生产力的起源，在语言学当中也能找到解释。在我们知道的有文字记载的历史当中，这种生产力对男性的影响力要大于女性。男性能够在任何一个领域都极大地推进创造性工作，恰恰是因为男性认为自己在繁衍后代的过程中起到的作用相对较少，如此，他们才想不断地获得成功以补偿自己。

但是，如果我们这样看，有一个问题就无法避开：女性为什么没有因为阴茎嫉妒萌发相应的补偿冲动？原因可能有两种：一是女性的嫉妒少于男性，二是她们更难通过其他方式摆脱嫉妒。这两种假设我们都可以通过事实证明。

就前生殖器水平而言，女性身上有一种解剖学上的劣势[②]。我

① 阿尼玛是男性身上的女性欲望、想法以及行为特征，阿尼姆斯则相反，通俗的说法是男人的女人气和女人的男人气。——译注

② 参见载于1924年《国际精神分析杂志》第5卷的《女性阉割情绪源起何处》。——原注

们可以用这一点来支持男性嫉妒更强的观点。但如果从成年妇女的生殖器组织来看，女性的性交能力并不比男性弱，仅仅是形式上有不同。也就是说，女性不再有什么劣势了。所以，说到底，在生命繁衍这件事上，男性不如女性起到的作用大。

通过更深入的观察，我们发现并不是女性更需要贬低男性，而是男性更需要贬低女性。这种观点是不是与现实生活中的疑问相吻合呢？提出这样一个质疑后，我们就会明白，无意识的男性倾向正是女性自卑念头的来源。但是，如果男性在女性地位低下的认定当中混入了对女性的刻意贬低，那么无疑可以确定，这是一种非常强劲的贬低冲动。

进一步说，从文化的观点来看，“女性摆脱嫉妒的方法不如男性的好”这种观点得到的支持更多。在我们所知的最能说明这一点的案例当中，这种嫉妒往往转化成一种对丈夫和孩子的需要。不止于此，推动女性嫉妒升华的力量有一大部分也在这种转化中消失了。但不那么倾向于这点的案例就不同了，同我详细阐述的一样，在这样的案例当中，上面说的那种嫉妒不是被有效利用，而是使其承受着一种愧疚感。而对于自己不能做母亲这件事，男性感到的自卑可能很少，他们依然觉得有极大自由让自己的全部动力施展出来。

在这个讨论中，我已经触及想要孩子这种渴望的起源以及作用问题，这也是弗洛伊德最近开始感兴趣的一个问题[①]。最近这些年，研究者已经逐渐改变了对这个问题的态度。下面请允许我对

① 参见弗洛伊德的《由两性解剖差异导致的心理后果》。——原注

这一问题历史演化的过程进行一个简短的描述。

女人的阴茎嫉妒增强了想获得孩子和获得男子两个愿望的力比多，但后一种愿望的出现并不依赖于前一种愿望。这是最开始的假设[①]。随着这种观点不断被认同，阴茎嫉妒被强调得越来越厉害，这才有了最近发生的事情：弗洛伊德研究过这个问题之后，认为只有通过阴茎嫉妒和缺少阴茎的失望才能产生想要孩子的愿望。同时，对父亲的脆弱的依恋，只有通过想要阴茎和想要孩子的愿望这一曲折的方式维系。

由于异性相吸的生物学规律需要一个心理学上的解释，产生了后来的假设。这种假设同格洛德克设计的问题是相对应的。在格洛德克看来，男孩产生对母亲的爱是非常自然的。可还有另外一个问题："小女孩怎样才能变得喜欢异性呢？"

要想解决这个问题，必须首先认识到我们是从两个来源获得关于女性阿尼姆斯情结的实证资料的，而且这两个重要来源是完全不同的。第一个来源是对孩子的直接观察，在此类观察当中主观因素并没有起那么大的作用。所有还没有被惊吓过的小女孩都表现出了阴茎嫉妒，并且能够非常坦诚地承认。我们发现这是一种非常典型的嫉妒。不仅如此，我们还能够理解这种情况的原委，那就是：女孩对自恋感的耻辱本来小于男孩，但当她关注到自己与男孩在身前性器[②]上的不同，即看到男孩在尿道性欲、偷窥本能

① 参见弗洛伊德的《肛门情欲在本能下的转变》，载于《论文汇编》第 2 卷第 16 期。——原注

② 在这里，作者明显把肛门也当作了一种性器，至少对患者来说确实是这样，肛门是身后性器。——译注

及手淫这些方面明显更有特权[1]，于是那种耻辱感就又被强化了。

很明显，女孩阴茎嫉妒的基础只是解剖学的差异，因此我们建议用“最初的”一词来描述它，即“女性最初阴茎嫉妒”。

第二个经验来源是成年女性的分析材料。不得不说，通过这个渠道获得的经验可能有很多主观因素，因为就这点做出判断是非常困难的。我们在第一个例子中看到：阴茎嫉妒作为一种巨大的动力因素在发挥作用。病人不自觉的动机，即拒绝担负起自己女性职能，是因为想成为男性。“我曾经有一个阴茎，我是一个被阉割的残废。”我们经常碰到存在这样幻想的女性。当事人因为受到这种幻想的影响而变得自卑。无论哪种偏执的忧郁症，都会因为这种幻想的影响而产生不良作用。我们发现敌视男性的态度表现很明显，有时是贬低男性，有时是阉割他们，或者让他们残废。我们也可以看出，某些女性的整个命运是怎样被这些因素左右的。

从男性的视角考虑，我们可以很自然地把这些印象同最初的阴茎嫉妒联系起来，同时推演出以后的情况：这种嫉妒一定会有巨大的强度和动力。这正是它所起到的效果。较之于对细节一般估计的忽视，我们在这里更多的是对环境的一般估计，这使我们忽视了一个事实：在对成年女性的分析中，已经为我们所熟悉的想成为男性的愿望，同婴儿初期的阴茎嫉妒其实没什么关系。这种愿望是一种次要构成，女性角色发展过程中的所有失败都包含在这种构成中。

---

① 关于这一主题，我在自己的文章《女性阉割情结源起何处》当中已经有详细论述。——原注

我的经验自始至终都在表明：无论是一般的案例，还是病人极度悲伤的案例，女性的俄狄浦斯情结导致了阴茎嫉妒的回归，并且，这种导向作用可能在方式上有多个强烈程度和细微差别。在我看来，大多案例中的这种差别，也就是男女两性俄狄浦斯情结结果之间的差异。因为害怕阉割,男性放弃了以母亲作为性对象，但是随着进一步的发展，男性角色本身却得到了肯定，同时还在阉割恐惧的反应当中被过分地强调。清楚体现这一点的生命阶段有性潜伏期、青春前期和生命后期。而女性在这个过程中不仅不再将父亲作为性对象，甚至同时还退出了女性角色。

在表达俄狄浦斯情结的生理冲动中，包含有对女性角色的逃避。我们必须思考与婴儿早期手淫有关的事情，以便于理解这种现象。

可能只是我们对男孩有更多了解，因而能够更加清楚地说明男孩子的情况。我们又为什么会觉得女孩的这些事情很神秘呢？难道是因为总是从男性的观点看她们？当我们禁止小女孩有特殊的手淫形式，并认为只有男性才能那样时，情况似乎更是这样。当我们用看待正数和负数的差异来看待确已存在的差异——即在有关手淫焦虑的案例中，受到阉割恐吓与确实被阉割之间的差异——情况似乎更是这样的。就算我们认为小女孩只进行阴蒂手淫，根据分析经验，我也认为小女孩有着某种特殊的属于女性的手淫方式（同男孩的手淫相比，这种手淫在技术上有所不同）。但是，小女孩只进行阴蒂手淫的假设存在很大的不确定性，并且阴蒂显然是女性性器官的一部分，可是人们总是不承认这一点的正当合法性，我实在不明白这是为什么。

在生殖发育的早期，女孩对阴道是否有器官性感觉呢？仅仅从成年女性的材料中来分析判断这个问题是非常困难的。我曾倾向于回答“是”，这是受一系列完整的案例的引导。这些材料我还会在后面引用，并在它们的基础上得出结论。在我看来，产生这种器官性感觉的原因，理论上可能是这样一种熟悉的幻想：一个大得过分的阴茎强行插入阴道无疑会导致疼痛和出血，甚至破坏阴道。根据儿童期可塑的具体思维来看，小女孩的这种俄狄浦斯幻想的一个现实基础是，父亲同孩子之间的形体大小差异。我还可以肯定，阴道和阴蒂必然在女性婴儿期的生殖器组织中起到了重要作用[①]。这一点分明体现在俄狄浦斯幻想，以及逻辑上产生的内部伤害上。由于人们自觉地认为这种乱伦的意愿与阴道有关联，所以，在观察当事人的性冷淡中，甚至得出这样一个推论：（由于对防卫的焦虑和不解）性欲实际上更集中在阴道区域，而不是阴蒂。这种结论如果是正确的，那么性冷淡就是一种避免自己进行过度危险幻想的尝试。这就重新解释了——其他的不同作者也主张这样——分娩时无意识的愉悦感（或者说，这种感觉发生在对生育的恐惧中）。在很大程度上，分娩以后的性交被认为是实现了早期的那些乱伦幻想，这种实现并不带有愧疚的感觉。女性的生殖器焦虑之所以有永久的影响，完全是因为同男孩害怕阉割一样使人

① 有许多现象，在过去我同意从男性意义上将它们解释为阉割幻想，可在我认为可能存在这种联系之后，我已经学会了从这个意义上对它们进行解释。换言之，对它们的解释，与关于阴道伤害恐惧的描述相似。——原注

产生一种负疚感。

两性之间身体结构的差异所造成的某种结果，也在上述情形中发挥着作用，而且其作用方向跟负疚感的作用方向是一样的。我所说的“某种结果”是，男孩能检查自己的生殖器，看手淫是否发生了可怕的后果，但女孩子是一无所知的，并且始终处于迷惑之中。有必要检验这种可怕后果能否实现吗？如果一个男孩有严重的阉割焦虑，这种差异当然就不重要了；如果不那么焦虑，这种差异就非常重要，事实上这种检验经常发生。通过我分析过并且已经为大家熟知的资料，我认为不管在什么情况下，在女性的生理活动当中，这一因素都起着巨大的作用，并且会造成女性内心经常感到的缺乏安全感。

那么，女孩是怎样在虚构的男性角色中寻求庇护，以应对这种焦虑压力的呢？

说到这种逃避有什么实际的好处，我可以举出一个任何分析家都可能有的经验。他们发现，由于成功避免了与父亲有关的力比多愿望和幻想，一般女性更乐意承认自己有成为男性的愿望。她们还会顽强地坚持，如果这种愿望被认可的话。如此一来，成为男性的愿望加强了对成为女性愿望的抑制，或者阻碍女性角色的发展。倘若我们严格按照分析原则进行分析，一系列典型经验将迫使我们得出这样的结论：成为男性的愿望是早期为了避免某种困扰而形成的，即为了保护主体，使其远离同父亲有关的力比多愿望。通过成为男性的虚构，女孩子得以逃离承受着内疚与焦虑的女性角色。但是，这种幻想意味着女孩评价自己的资格和价值标准要开始转变成本来不适合她的生物学特征，结果她反而感到自己是无能的。也就是说，女孩进入男性队伍的尝试，已经偏离了自己的路线，产生自卑感是不可避免的事。

这种自卑感无疑是让人恼火的，但我们通过分析经验可以发现，比起与女性态度有关的内疚感，自我更容易包容这种自卑感。这样一来，有一点就可以肯定：从内疚感到自卑感的转移中，女孩子拥有了自我。

在前面的论述中，我已经谈到，我关于认同父亲的过程知道得很少。但是在这一过程中，女性还获得了其他东西，在此我要做出说明，以使我的论述显得完整。

我们已经明白，拒绝在性上与父亲相关联的女性身份的愿望总是使女性形成一种男性化的态度，其原因可在对父亲的特殊认同过程中找到。与前述反思相关的另外一种观点也显示出对这个问题的解释。

我们知道，力比多的发展无论在什么时候遇到困难，都会有一种退缩性的力量，并激活组织的早期阶段。弗洛伊德在最近的研究中指出，把父亲作为真正爱恋对象的准备阶段是由于阴茎嫉妒形成的。我们有了弗洛伊德所建议的思维训练，就更能理解她们的内心需要了。无论乱伦的障碍施加到力比多发展的哪个时段，这发展都会在内心需要的作用下重返准备阶段。

弗洛伊德的观点我在原则上是同意的，就是说我也认为女孩的主观爱恋是从阴茎嫉妒中发展出来的。但我也要指出，我认为可以从不同的角度来描述这种天性的演变。如果我们能够知道俄狄浦斯情结的退化使阴茎嫉妒具有了多大一部分力量，那么两性相吸就可以解释为是这一基本自然原则的一种表现。我们必须这么解释，同时排除其他的可能性。

那么，“这个最初的生物学原则，按心理学的角度应该怎样理解”？我们在这个问题面前，首先必须承认自己知之甚少。在这一方面，我越来越频繁地想到，小女孩对阴茎的力比多兴趣可能正是早期形成的性别差异引起的。也就是说，这里面的因果关系刚好与我们所认识到的相反。女孩发展到什么水平，就会产生与其一致的力比多兴趣，而且它首先的表现方式是手淫和自恋。我们既然把这里面的关系理解成这样的，关于男性俄狄浦斯情结的起源，当然会遇到新的问题，不过，我想把这个问题放在后面。眼下要说的是，神秘的两性相吸的首要表现形式，如果确实就是阴茎嫉妒，再质疑阴茎嫉妒，或许就没有什么价值了，因为这分析出了它更深层次的存在，并将其明白地展现出来，而在想要孩子的愿望和对父亲的温柔爱恋这一层次上，没有什么阴茎嫉妒。于是，我们只能说，女孩对阴茎的力比多兴趣，其实是——套用亚伯拉罕的术语——一种“偏爱”[①]。据亚伯拉罕说，为真正主观的爱恋做准备的阶段，就已经表现出了这种偏爱。关于这一阶段的解释，也可在我后面对生活的类推中找到：人们关于羡慕嫉妒这一态度有一个特别认识，就是它是爱恋的起源。

关于这一退化是如何发生的问题其实十分简单，不过，关于它我还有一个分析发现必须现在说出来：人们在听到女性患者的

① 参见亚伯拉罕 1924 年的著作《为研究力比多发展史的实验》。——原注

“想得到它（阴茎）”这句话时，总是难以理解她在说什么，这是因为，拥有阴茎这种自恋需要经常与渴望拥有力比多实体的需要一起交织在她的联想中。

还有一点，整个阉割情结都是围绕严格意义上的阉割幻想来命名的，这是因为阉割情结最突出、最明显的一部分就是这些幻想。我不得不认为它们是必要的构成部分，这是我的女性发展理论所决定的。整个情结的起因，可以描述为从阴道伤害的幻想向着阉割幻想的转变。在这个意义上，这种转变也就是女性生殖器焦虑向男性概念的转变，之所以发生这种转变，是因为女性需要在男性角色的幻想中寻求保护。女孩子的这种转变是：她们解剖学结构上所决定的受惩戒愿望的不确定性，转变成了女孩子的具体观念。这对她们来说是一种收获。此外，由于过去内疚感的阴影还没有散去，阉割幻想证明获得阴茎是无罪的。

如今，女性幻想成为男性的一个典型动机是，女性在社会生活中的地位实际上是不利于女性的，这就支持并增强了她们的幻想。这种动机正源自俄狄浦斯情结。当然，那些无意识动机还有一个合理的、特别适合的形式，就是成为男人的渴望。这是我们必须注意到的一点。但是，女性处于不利地位这一事实，我们也不能忘记，而且这种不利的程度大多数女性并没有意识到。

格奥尔格·齐美尔对这种联系进行了社会学的解释，他说：“可能是社会地位的强大力量赋予了男性极端重要性。”他给出了一个历史的观点：大致说来，两性之间的关系就是主人和奴隶的关系，“奴隶永远不能忘记自己是奴隶，主人却不必时常记得自己是主人，这是身为主人的一个特权”。

我们在分析文献中解释两性关系时，对这个因素的估计可能过低了。在现实生活中，女孩地位低下的观念从她们出生时就开始灌输给她们。不管方式粗暴还是循循善诱，灌输都是不可避免的。女性的男性情结就是在这种经历中不断激发形成的。

进一步分析，女性的天性也需要得到质的提升，可是，在我们的纯粹男性化的文化中，至今为止男性从事着所有的一般职业，女性的这一愿望难以实现。一个自然的结果是，女人如果要承担男性化的工作，仍无法取得男人那样的成功，这一事实似乎是女性地位低下的基础，于是自卑感可能会再次侵袭女性。也就是说，女性在社会上实际的附庸地位加强了她们拒绝女性身份的无意识动机，而且在我看来，这种加强的程度是无法判断的。人们或许会认为这里面既有心理作用，也有社会作用，而且两者是交替的和相互的。尽管这些问题非常严重，也十分重要，但只能在这里指出它们，对它们的调查研究要专门进行。

一方面，女性愿望受压抑的程度受这些因素的影响而更加严重，并且它们还使得这种愿望烙上了自卑的印记。另一方面，男性要完成质的提升，由于这些因素的存在更容易成功。也就是说，同样的因素给男性发展造成的结果必定是完全不同的。

关于女性心理学的某些问题，我已经在以上讨论中给出了解释，而且很多是不同于目前观念的。我的论述可能只是围绕相反的观点自说自话，但是，如果一个观察者出现了错误，根源可能在于他的性别，这正是我在这篇论文中想说明的主要见解。我们的目标是，在描绘女性心理的发展历程时，我们的观点能够摆脱身为男性的主观性或身为女性的主观性。对女性天真本性的品质和差异的说明不能是男性化的，而相比我们今天已经得到的描绘，这些描绘更接近这些本性。我们的努力就是达到这个目标，而通过以上所有的工作，我们更向前迈进了一步。

三　受压抑的女性气质

性冷淡问题的精神分析

女性性冷淡问题已然相当普遍。在医学领域和性学领域两组专家中，他们关于这个问题的观点是完全相反的。这是很令人惊讶的事。

女性性冷淡在其中一组专家看来，好比男性有某种潜在忧虑一样。这是考虑到了性冷淡对个体的重要性，并且，他们据此认为这是一种疾病——女性性冷淡是病，男性有某种潜在忧虑也是病。由于性冷淡已经太过频繁出现在现实生活中，他们主张对于性冷淡的病源以及治疗等问题要抱以严肃的态度。

但在另一方面，人们看到性冷淡以如此之高的频率出现，认为把如此普遍的现象看作一种疾病是不妥当的，而应该认为，对有教养女性而言，性冷淡是一种正常的性态度。这是考虑到性冷淡的全部形成阶段来说的。然而，就算这种观点能够通过极其科学的假设得到证明[①]，就算医生们有各种措施，性冷淡也是无法治愈的，医生没有理由，也没有机会去治。

---

① 这个主题的参考内容，参见麦克斯·马可尤斯的《性问题所引起的神经症》，载于莫尔 1926 年的《性科学手册》第 3 版第 2 卷。——原注

任何一个或正面或反面的一般性观点，都是基于一种强烈主观信念建立起来的，这与它强调社会因素还是强调遗传因素无关。这是人们经常抱有的一种感觉，我们据此认为，在尝试如实澄清一个有争议问题之大致情况的努力中，一般性的观点起不到多大的引导作用。但是，精神分析科学并不是这样，它所站立的视角从一开始就非同一般。事实上，从这种视角得到的观察，本质上是医学— 心理的观察；对一个个体及其发展过程进行观察时，有必要采用这种视角。

（1）根据我们的经验，特定女性的性冷淡是在哪些身体发展过程中出现和形成的？

（2）女性性欲衰退的重要意义是什么？

如果我们问自己，按照精神分析的思路，我们能够在多大程度上找到解决性冷淡问题的方法，那么，最终答案就包含在以上两个问题中。

性冷淡只是一种独立的、很次要的症状吗？或者说，它与心理的或身体的健康密切相关的说法真的正确吗？尽管这个问题的表达方式不具有很好的理论性，但它与上述两个问题是同等的。

为说明这些问题的意义，或者说明它们可能有的价值，请允许我打一个粗糙的比方（所谓粗糙，就是许多方面还没有处理好）。试着想象一下，完全不知道咳嗽病理过程的我们，在听到一个人咳嗽时会想到哪些可能呢？在所有情况下，我们肯定会认为它是预示疾病的一种信号。在实际生活中，许多人咳嗽并没有真的生病，因此，咳嗽还可能只表示一种主观的气愤。后一种可能是考虑到了咳嗽与实际潜在忧虑的联系而想到的，如果忽视这种联系，我们关于咳嗽的病因，就会有各不相同的意见（因为我们完全不知道正确的病理过程）。

这是一个显然有缺陷的比喻，但我是基于大众都了解的一种视角来使用它的，就是说，性冷淡也像咳嗽一样只是一种预示个体内部有不适症状的信号。这种可能性还是有的。

然而这个说法一提出，马上就会有人提出质疑：我们已经知道，一些健康和体能状况都很好的女性同时也性冷淡。乍一看这是一种很能说服人的反对意见，可分析其主要原因就会发现不是那么回事。第一，忧虑或与性冷淡相关的忧虑是很难认识到的，因此，只在一个个体的案例中进行详细调查，个体健康不能表明他有这种忧虑。我想到的例子是，一个个体如果不能规划自己未来的生活，这可能是源于他性格上的缺陷或疾病，但他通常会错误地认为这是由外部因素造成的。第二，有一个事实不能忽略，那就是心理结构跟机器结构不一样。如果一部机器的某一点出现了故障，或者本身就有某个缺陷，那整部机器必定不能正常运转，但是人的心理不是机器，相反我们能够把有关性的力量转化为无关性的力量，而且我们的这种能力非常强，这种转化其实是对性相关力量的升华，其升华方式是有文化价值的。

我们先来看一些我们实际发现的，真正关乎性冷淡的现象，然后再研究性冷淡在一个个体上的起源。要说明一点，我下面要讨论的这些现象都是正常现象，只是正常的程度各异。

性冷淡这种现象，是女性对性功能的一种压抑。其形成原因可能是器官或心理条件的束缚。无论我们是否这么看，都不得不承认这一点。承认这一点，我们也就不必惊讶于其他具体女性性功能损害会与性冷淡关系密切。比如，月经的功能性紊乱有许多种[①]，包括例假周期的不规律、痛经、完全处在一种紧张状态中、易怒或身体虚弱，还有的人经常提前 8~14 天来例假，而且每次都会严重打破其心理平衡。这些症状可在许多案例中看到。

在其他案例中，女性对待母亲身份的态度让我们觉得很棘手。她们给出的拒绝怀孕的理由在某些情况下是合理的。还有一些情况，她们的理由是曾经流产，而流产时并没有出现明显的器官疾病。但在另外一些情况中，只是在倾诉无数对怀孕的抱怨[②]。在分娩期间，孕妇可能出现各种忧虑，比如神经性焦虑、担心分娩功能性虚弱等。其他一些女性出现极难哺乳婴儿的情况，具体说来，比如根本无法给孩子喂奶，甚至还有紧张所致的没有奶水。一个母亲对孩子应有的正确态度，我们根本无法在她们身上看到。我们能够看到的可能是相反场面，比如说，有些母亲容易恼怒，或者过分焦虑以至于不能给孩子真正的温暖。让女家庭老师来照顾孩子是她们共有的意愿。

女性在家务方面经常发生类似的事情：有些情况是太过高估家务劳动的意义，并让家人感受到痛苦；有些情况是家务劳动过分排斥她们，就是说，家务对她们而言是一种负担，如同随便一

① 明显器官原因所造成的障碍，不包括在此处的论述中，也不包括在下文中。——原注

② 如果我们有一种积极的心理态度，就不可能单独引发这些紊乱，因此，将这些困难归因于新陈代谢中的物理—化学变化，显然是错误的。——原注

项不愿意但必须要做的劳动一样。

但是，就算没有关于女性功能的以上所有忧虑（关于其本质，我会在另一篇文章中做出解释），男女之间也依然存在一种关系。由于女性对男性的态度，这种关系经常是破坏性的，或是不完全的。在这里，我只想指出她们所表现出来的一个共同特点，那就是：（肉体上和心灵上）与一个异性恋爱对象的完整爱情关系得不到维持。冷漠也好，病态嫉妒也罢；不信任也好，易怒也罢；倾向于索取也好，处于自卑中也罢；渴望着与情人的亲密关系也好，渴望着跟女性的亲密关系也罢——这些状态下的女性，都表现出了这种无能。

一个比较引人注意的现象是，我们一般无法在这些女性的自我中看到什么东西来证明她们具有主动拒绝女性气质的倾向，但是我们对无意识的心理世界进行了某种更深入的精神分析，却经常发现她们坚决排斥女性角色。有些基本已确定的事实使我们不能认为性冷淡与性拒绝是一回事，因为观察发现，性冷淡女性的性反应和性要求反而更强烈。说得更深入一些，我们所遇到的性冷淡女性，其实一般只是不愿意充当女性的角色而已，而不是说厌恶性这件事。一旦她们在自我意识中产生了这种厌恶，它将变得合理，其手段通常是歧视社会，或者指责自己的丈夫或一般男性。然而，更深入地说，这里面也有对男性气质的一种渴望或幻想；虽然这种渴望的强烈程度大小不一，但都很显著，以至于能被觉察到。在此我要强调一点，我们的各种渴望可能有一部分是有意识的，但我们都早已处在无意识的水平之下，因此这些女性都没有意识到自己的这些渴望的程度，以及潜在的本能性动机。

我们所称的“女性阿尼姆斯情结”，指的是女性在情感和幻想方面全部的情结，包括受歧视的情感、对男性的嫉妒、渴望不做女人而成为男人。有一些女性，身体在不同程度上是健康的，精神上却有些神经质，而她们在生活中把这种情结体现到了极致。这种体现带给我的困难是，要描述这些影响的大致走向[①]，只有一种相当精练的方式才能令我满意。

这种对男性的嫉妒在一定程度上是很明显的。员工如果心里对老板有敌意，那他每天会通过无数种拐弯抹角的方式来战胜老板，或者让他有挫败感。同样的，在发现男性是优势性别而对男性产生的不满和憎恨中，都包含着女性表达对男性嫉妒的渴望。在无数婚姻中就包含上述情形，因而，我们稍加留意就能辨别出这一情形。

然而，我们还看到，一位性冷淡的女性，在心里贬低所有的男性，但同时一直认为男性远远超越自己。还有一种态度，它与这种明显轻视男性的态度交替出现，以至于使人联想到了狐狸与酸葡萄的故事，那就是，她不相信女性有能力取得什么真正的成就，如果男性无视女性，她还倾向于表示赞同。她自己虽不是男性，但是男性对女性的评价，她非常愿意分享。

更进一步说，有这种无意识嫉妒的女性，完全看不到自己的优势，甚至把母亲这一身份看成一种负担。她很容易自卑，因为

① 参见《国际精神分析杂志》1921 年第 4 卷亚伯拉罕的论文《女性阉割情结的表现》，以及弗洛伊德的《童贞的禁忌》标准版第 11 卷第 191 页。——原注

她衡量一切事情都是从男性视角出发，处处违背她的本性。今天有些女性在人们看来是具有天赋的，她们因取得的成就而得到积极评价和认可，可就算是这样，她们仍有很大的自卑感。内心深处的男性气质情结导致了她们的这种不自信，其可能的表现方式是对批评的过分敏感，或者腼腆。

另一方面，生活中她们无意识地要求获得补偿。这源于自己基本上就是被命运捉弄和受歧视的思想造成的伤害。可是，她们永远不可能真正地感到满足，这种永恒的不满足和这种永恒的要求有着共同的起源。人们对这两者的习惯解释是：它们起因于对整个生活的失望。但是，这种失望很可能是男性气质情结造成的，经过更深入研究就可以清楚发现这一点。女性的态度里不能有对男性气质的强烈要求，即便那是无意识的。这一点不难理解，而且经验告诉我们确实如此。于是，我们看到性冷淡是一种必然结果：一方面，女性完全不拒绝作为性伙伴的男性；另一方面，女性自身的内在逻辑也在发挥作用。性冷淡在更深层次上的准确界定是爱无能，因而很可能有另外一种情况，那就是性冷淡反过来加剧上面提到的自卑。一般意见认为性冷淡是正派或贞洁的有意识表现，而我在这里的看法完全是相反的：准确地说，这种情感对性活动的缺乏是没有意识的，女性的其他嫉妒很容易因这种情感得到神经性强化。

男性气质情结还有一些其他结果，不过，它们的根源在于更深层的无意识之中，个体不可能理解它们，除非对无意识机制有准确地了解。大多数女性都没有接受自己的女性气质，清楚证明这一点的证据可在她们的梦和症状中找到。相反，她们在无意识幻想生活中一直持有的，是一种想象，即自己被当成了一名真正的男性。她们相信有一些影响已经给她们带来了不良后果。我认为这种女性把自己的生殖器想象成已经生病，或者被破坏，是为了保持上述幻想。她们有良好的意识和知识，可是，她们的月经情况已在反复实践这种想象，于是反复证明了我的观点。女性的阿尼姆斯情结，跟这种本能的无意识幻想有了这种联系，引起上面提到的月经困难，还有性交中的疼痛，以及其他一些妇科障碍[1]，并不是什么难事。

在另外一些情形中，往往不是生殖器本身，而是所有其他器官——只要有可能——导致了这些想法，导致了对抱怨和忧郁症的恐惧。我们若要通过大量个别案例对这一发展过程有清楚的了解，就必须收集详细的精神分析材料，而这些材料是超出一篇正常论文之框架的。至于这些无意识的男性气质渴望有多么坚韧，若要有所了解也只能分析过程本身。

我们关于这些女性心理发展的研究，已经触及一种“好奇情结”了，如果要寻找其起源，就要有意识地辨识和直接观察到一个人童年阶段。对于男孩的生殖器，同阶段的小女孩确实抱以羡慕。这一发现是非常可靠的，要验证它，通过直接的观察即可。然而，这些观察只是观察而已，精神分析性的解释没有什么帮助，因为它是主观性的；而且，个体不可能相信这种解释，尽管有些几乎可以得到直接证实。但是，有一个事实是评论家无论如何也

---

① 这些心理因素总是这些主观抱怨的一般起源，即便“异位”一类的真正的器官改变确实是存在的。——原注

反驳不了的，那就是，虽然他们不认为自身的发展性有什么意义，但孩子们的确有可能会表达这种想法。评论家们认为，一些女孩子身上也可能具有这种渴望，甚至嫉妒，但这种嫉妒只是这样的：它相当于对其他孩子的玩具或糖果的羡慕。

为此，请允许我关于一种因素展开讨论。这种因素使我们对以上观点感到好奇，比如说，在儿童和青少年生活中，这种因素扮演着重要角色，而在这之后，生理意向才发展成一种心理意味。我们成年的欧洲人并没有认识到自己对于身体的这种早期态度，但是一些其他的文化群体，关于性活动有十分天真的认识，他们受到的压抑特别少——我们能在他们当中看到一种性标志，是对性器官进行公开的崇拜。他们尤其崇拜阴茎，并赋予它一种神奇的力量和神圣地位。随便哪个熟悉孩子世界的人都能够轻松理解一点：孩子的思想与这些阴茎崇拜背后的潜在思维模式实际上是有关联的，而且关联得相当紧密。反过来，我们若要对孩子的世界有更好地理解，也要借助这种思维模式。

现在的问题是应该如何接受这个阴茎嫉妒阶段呢？从事实中得出的经验出发，很容易出现这样一种反对意见：做母亲是女孩子的生理优势，而且这优势容不下半点怀疑，所以，人们应该这样想，女孩子根本没有理由去嫉妒男孩子，看到女孩可以做母亲之后，男孩子反倒会有藏得很深的嫉妒。这几乎是理性思维无法反驳的。对此，我要简单说一下：确实有这种现象，而且，它还可能让男性觉得必须增强自己的生育能力[①]，也就是说，在文化角度上说，它给男性带来一种强大的刺激。但在另一方面，这种女性相对男孩所具有的令其不必产生身体劣等感的优势是未来也就是成年之后才能显现出来的，早期阶段的小女孩并没有意识到。但是必须承认，指出我们对阴茎嫉妒估计过高的批评中，有一些成分是合理的，因为，这种早期发展阶段，在效果上并没有直接造成后期生活中的阿尼姆斯情结，也没有经常带来灾难性的后果。经过复杂的、曲折的过程，才会产生这些结果。

一定要认识到，这种阴茎嫉妒的态度是自恋式的，如此才能理解上述情形。所谓自恋式，就是说它不是指向被嫉妒的目标，而是指向嫉妒者的自我。对男性的渴望，孩子对成长目标——心理性欲——的渴望，几乎包含了一个健康发展的女性自恋式阴茎嫉妒的全部。下面的观察结果尤其能够证明这种观点：上文所说的对男性气质渴望的迹象在那些安然对待自己女性气质的女性身上一点也没有。

但是，精神分析学的研究又表明，必须满足许多条件才能保证这种发展的正常，而且在这种发展中，可能会出现许多阻碍和忧虑。家庭内部首次发生性欲目标关系的阶段[②]，对心理性欲的进一步发展起着决定性作用。个体的心理性欲在这个阶段发展的高峰期是三到五岁之间。此时的女孩如果不敢面对自己的女性身份，

① 一个参考例子是，在语言学上，“child”和“give birth”“work”“create”等词语是等同的。——原注

② 参见弗洛伊德的论文《肛门情欲在本能下的转变》，载于《论文汇编》第22卷第164～171页。——原注

可能是不同因素共同作用的结果。举个例子，有一个总能促进小女孩强烈男性气质建立的强力因素，就是父母对哥哥百分百的偏爱。在这方面，孩子早期对性活动的目睹所产生的那种影响越来越持久。在避开孩子进行性生活的环境中，这种影响显得格外真实。可是，这些女孩后来逐渐形成的性格既莫名其妙又自我封闭，与那种影响形成了鲜明对比。性交在儿童看来可能是母亲被强暴、伤害，或者被折磨而生了病，这可能是他们一周岁以前频繁看到父母性交的结果。以后儿童的这种印象还会得到一种强化，就是看到母亲月经时的疼痛感。女性地位不稳定且有危险的观念还会因为一些因素强化，比如父亲殴打母亲、母亲生病等偶然印象。

所有这一切都是在小女孩性发展的第一个高峰阶段发生的，因而会影响到她；她的本能要求将和母亲的要求一样，不过都是无意识的。这些无意识的本能要求接着会产生一种冲动，两者是类似的。也就是说，对父亲存有这种早期女性性爱态度会有一定的危险性——它越强烈，则失败时造成的危险越大。失败是由于对父亲的失望，或者对母亲的负罪感。在更高的层次上，这些影响与她的女性角色之间的紧密联系将会一直保持下去。大家知道，在这个阶段里，身体表达性刺激的一种形式就是手淫，因此手淫会有可能破坏性爱态度与负罪感之间的这种联系。

女孩可能迫于这些焦虑和负罪感而完全逃离自己的女性角色，并开始对男性角色产生幻想，在那幻想里寻求安全的庇护。在本质上说，最早产生于天真嫉妒的这种对男性气质渴望，本来注定消失得也比较早，可是，这些强烈的冲动现在却使得女孩不能消除这种渴望。我上面所说的那种巨大影响在此呈现出来。

而非精神分析的观点却不这样看，它倾向于先考虑晚年失败的性生活，认为是它导致了对自己性别身份的逃离。一个男性因女性无法满足其性需求而变成同性恋的现象我们确曾见到过，而且这一现象所造成的影响，我们当然也不能低估——然而我们的分析经验又使我们觉察到，可能正是在儿童期早已形成的态度造成了这些性生活悲剧。另一方面，就算那些配偶没有同性恋之类的经历，可能仍会出现这些悲剧。

一些无意识的男性气质渴望一旦占据了女性，女性就会陷入一个恶性循环。这是一个要命的循环。一旦确定了最初逃离女性角色并躲进对男性角色的幻想中，她对女性角色的排斥就会得到进一步强化。这排斥甚至有时包含一种对女性的轻度蔑视。对男性气质的渴望，动摇了女性对自我的情感。尽管她压抑住了自己的女性气质，可是，作为女性的身份总会被一些经历揭发。这些渴望和这种压抑，是一个靠无意识掩饰生活的女性所要面临的两大基本威胁。

在这种冲突中的女性注定要崩溃。文学作品，比如席勒创作的呈现了一段恢宏历史的剧作《奥尔良少女》，就为我们描述了这种命运，我们也借以认识了这种女人。作品中，负罪感使女主人公终于崩溃。曾经有一段时间，她爱上的那个人是自己国家的敌人。这种爱情遭到了惩罚，即深重的负罪感和残酷的崩溃，这似乎是不正当、不正确、不公平的，但这里面有一种深刻的心理学内涵。我们若要看出这种内涵，只需假设：某种源自无意识的冲突也是自己诗人般的直觉能够描绘出来的。那必须从开场白入手并在心理学层面理解这部剧作。少女时期的女主人公在开场白中听到了上帝的声音：不许她得到任何女性体验，却承诺给她一个替代物，那就是男性的荣誉。

男人的爱永不会加诸你身，
你内心的热情也不会有罪恶来炙热，
新娘的花环永远不会带在你的头发上，
你的乳房不可能有可爱的孩子贴近，
但你将变得伟大，
因为我会赋予你战争的荣誉，
这名声和命运，
是所有现实的女性不能及的。

无数经验已经证明了一个假设，那就是，在人们心里，上帝的声音等同于父亲的声音。现在让我们采用这一假设。由于上帝的这种禁止关系到女性对自己父亲的情感，如果父亲再实行了这种禁止，女性就会被推进男性的角色之中。这一事实是这假设里基本情景的核心部分。女主人公不是因为爱自己国家的敌人才会完全崩溃的，而是因为她爱得太投入，因为她已经释放了先前被压抑的女性气质，同时，一种负罪感伴随而生。这种冲突所造成的一个比较典型却偶发的后果是：女性即使在情感上抑郁，也并不能成功地取得“男性”的成就。

临床心理学所观察到的案例，规模一般都比较小，而且其中有些看起来近乎是有直觉性的天才诗人的作品。这些案例中的女性有了第一次的性经历之后，就变得神经质了，或者性格发生了某种变化。无意识的焦虑或负罪感阻挡她们在成为特定女性角色的道路上前进。当然，性冷淡不一定就是这种阻碍的必然结果。这种焦虑或负罪感只决定女性自身阻抗[1]的大小，就是说，它只决定女性在多大程度上拒绝性经历。有些女性有完全拒绝性经历的执念，有些女性的阻抗只明显表现在性冷淡的身体语言上，从前者到后者，女性身上的一系列连续的症状都展现在我们眼前。性冷淡这种形式一般并不呆板，尚有转变的余地，在一定条件（大部分是她们自己无意识的）下是可以扭转的，当然，这说的是其阻抗相对较弱的情况。有些女性只有身处一种幽闭的环境中才会发生性经历，有些女性则要求性行为过程中要有一些足够的暴力，还有一些女性，若要让她们进入性活动，除非先将一切情感因素排除在外。在最后一种情况中，对于自己钟情的男人，女性有可能是性冷淡者；然而，如果某个男人对她只有性欲而没有爱，她反倒甘愿完全献出自己的身体。

性冷淡在心理本能上的起源就包含在这些表现中，而且我们可以正确推测出它们。在某些心理情景中，个体的发展历史严格决定着性冷淡的出现和消失。要理解这一事实，我们可以对性冷淡的发展进行深入透辟的分析。“无感觉的女性只是这样一种人，

① 作者使用次数较多的一个术语，相当于电阻、抗药性等，是一个机体内部的对外力的阻力或斥力。——译注

她们还没有找到一种能够令自己满意的恰当形式”，斯泰戈尔的这个论断，按照上述观点来看就是一种误解。因为要说“恰当形式”，可能是无意识的条件，但这是无法实现的，又或是自我不会接受这种无意识条件。

因此，我们需要用一个较大的框架来容纳这种性冷淡现象。实际上很多女性都无法容忍力比多不断积累却无法发泄出来，因此，这现象本身就可能成为一个重要症状。但是，性冷淡的基础和它的表现形式都是它的真正意义，而这意义只有借着这种发展性的忧虑才会为性冷淡所具有。我们知道，性冷淡也频繁给其他女性功能造成影响。一个没有性冷淡且不受其潜在抑制的女性几乎没有严重的神经性焦虑。至于其中原因，我们基于以上观点便可轻易理解。

因此，我们要回到最初的那个问题，即这些现象何以频繁发生。根据这种观点，既然我们已经能够追踪到是发展性的压抑何种引起了性冷淡，那么，证明性冷淡正常的充分理由就不是它的普遍存在，这是没有必要再深入探讨的。然而还有一个争议很大的问题：性冷淡的发生频率为何高得令人害怕？

要回答这个问题，不能单纯依靠分析。精神分析所能够指出的只是性冷淡是沿着怎样的路线发生的——称其为发展偏路或许更准确——除此之外，我们只能通过这种方法研究这些路线的易实现性。但是，我们无法通过精神分析知道这些途径为什么会反复被使用，因此在任何情况下给出的回答都是推断出来的。

我认为，若要解释这种频繁性，应该考虑到一个很重要的因素，那就是超个体的文化。总体说来，我们的文化并不支持女性，也不支持女性个性的发展，我们都知道它是一种男性文化。[①] 关于这个因素，我只想指出大家应特别注意的两点，来说说它是怎样影响女性行为的。

第一，从人类学和心理学角度来说，人们一向认为更有价值的是男性而非女性。无论女性充当着母亲还是情人，不管女性怎样受优待，都改变不了这一事实。小女孩的成长环境就是这种普遍观念。在意识水平上，女孩渴望男性气质在多大程度上是受这种社会观念的影响？在她认可自己女性角色的方面，这种观念又在多大程度上起作用？我们若要不太费力地理解这些，只需意识到嫉妒男性的理由在她进入儿童期的第一年就已经具有了。

关于现代男性性冲动的某种怪癖，即性爱成分与浪漫成分在性生活中的分离，是另外一个不利因素。这种分离现象出现在女性当中的概率是很低的，出现在有教养男性身上的概率也很低，低得几乎与女性有性冷淡的概率相当。[②] 因此，一方面，生活中那些与自己精神接近的伙伴和朋友会成为男性寻求的对象，但是，类似态度的回报可能也是这样一些男性所期望的：无论在表面上还是在实质上，他们的知觉都受到了压抑。在女性自身的发展过程中，女性可以克服男性的这种压抑，可它会给女性另一种十分确定的影响，那就是很容易导致性冷淡。另一方面，观察这样的

① 参见格奥尔格·齐美尔的《哲学的文明》，载于《格奥尔格·齐美尔文集》（维尔纳·克林哈特博士 1911 编辑）。——原注

② 参见弗洛伊德 1910 年的论文《对爱情心理学的一个贡献：男性选对象的方式的一个特殊类》，载于《论文汇编》第 4 卷，第 192~202 页。——原注

男性与妓女的关系就会清楚发现，他要求一位女性只与他发生性关系。对女性来说,性冷淡是男性这种态度的必然后果。一般来说，女性的情感生活与性生活的联系，要更紧密和一致一些。她如果没有完全让自己投入，就说明她不能爱了，或者不能被爱了。试想这样一个事实：现实被要求能够轻易满足男性的主观需要，因为男性占据着主导地位。我们不妨再想想另外一些影响，就是在女性压抑的形成和持续方面，社会风俗和教育是怎样造成影响的。这些简单论述所表明的是：女性气质的自由呈现都有哪些强大力量在起着束缚作用。另一方面，精神分析表明女性之所以拒绝女性角色，也有内部原因，就是女性发展过程中的多种可能性和倾向性。

所有个体性的案例已经提供给我们一个肯定的回答，就是女性气质受到压抑，确实是内外两种因素在共同发挥作用，尽管人们还不清楚两者发挥决定性影响的程度分别有多大。可以想象，人们关于女性气质压抑现象如此高发的原因的理解，在准确而透彻地观察分析了女性行为模式之后，或许就是全面而真实的。

四　关于一夫一妻制观念

关于婚姻问题[1]，我至今没有看到有哪篇文章进行了详细分析且观点独特，为此我曾一度感到惊讶。对这个问题，每个分析家都有许多可说的，在实际和理论上已经得出的结论，也都是必要的，尽管如此，理论研究还要继续深入。因为，从实际的角度上说，婚姻冲突是我们每天都要面对的问题；从理论上说，俄狄浦斯情结与婚姻的关系，是如此密切和显著，以致在生活中几乎没有一种与之类似的情形。

（我对自己说）确定这样一种目标之后很难再去研究婚姻问题：它无法激发科学的好奇心和伟大志向，也没有吸引力。这是因为，婚姻问题与我们的生活实在太近了。但是，距离我们太近的，可能不是婚姻问题，而是婚姻中的冲突。而且，它所贴近的，是我们最私密经历最深处的一些根源。从心理学的立场研究婚姻问

① 这并不是说所有方面的精神分析文献都接触到了这些问题。我所参考的著作只有：《文明时期的性道德和现代神经过敏症》和《对爱情心理学的贡献》（作者弗洛伊德）、《对性习惯的精神分析》（作者菲洛恩兹）、《性高潮的作用》（作者赖希）、《精神分析导论》（作者舒尔茨－汉克）、《精神分析对家庭关系的考察》（作者弗兰格尔）。在《婚姻》（编辑麦克斯·马克斯）中，我们还找到了《婚姻的基本形式和变化》（作者若黑姆），以及《婚姻中的心理适应问题》《选择配偶的心理条件》和《典型婚姻冲突心理溯源》（作者均为霍尔奈）。——原注

题，必将受到一定的阻碍，这是另外一个困难，因为婚姻是一种社会习俗。但在同时，我们必须努力理解这些问题的心理学基础，因为这些问题实际上是非常重要的。

我只挑选了一个特别的问题来撰述，而且需要先进行一个比较宽泛的概述。可有一点依然是首要的，就是关于婚姻问题暗示出来的基本心理情形，我们必须努力形成一种概念。最近，凯瑟林在他的《伊赫布克》中发问：人们不断步入婚姻的驱动力究竟是什么？要知道，婚姻的不幸在各个年龄段不断发生着。他提出的这个问题，是很值得注意的。幸运的是，不必求助于那种“自然的”渴望，即想要一个丈夫和孩子，也不必求助于抽象的解释，就像凯瑟林所做的那样，我们就可以回答这个问题。我们更可以确认，显然是某种期望在驱使着我们走进婚姻。我们将会发现，想成为父亲的妻子并独占他，以及想为父亲生孩子这两种本来就有的渴望，都源于儿童时期的俄狄浦斯情结，并且，它们在促使人们走进婚姻的渴望中得到满足。我可能会据此特别地怀疑婚姻制度即将终结这种预言，尽管我们不否认这些潜藏渴望的形成在任何特定时代都受社会结构的影响。

因此，从一开始，婚姻就背上了无意识渴望这一包袱，它是危险而沉重的。我们知道，这些渴望会持续发生，没有办法阻止，因此，这包袱是无法逃脱的；对于这些困难，有意识地洞察和借他人生活来经历，都不会带来真正的助益。至于说这包袱危险的原因，目前有两种解释：

从本我的角度说，就是失望有可能给主体带来某种危险。因为，我们童年时期遗留的渴望在我们真正成为父亲或母亲之后根本不可能实现；不仅如此，还因为丈夫或妻子一般只能是一种替代品，弗洛伊德就是这么认为的。失望的痛苦取决于两个方面的因素，一方面是主体的固恋程度，另一方面是冲突的程度，即具体的无意识的性渴望与某种发现及渴望得以实现的满足感之间的冲突。

从超我的角度说，超我与婚姻的另一半关系甚密，因为过去的乱伦禁忌一旦复活，也会带来危险。这种无意识渴望的危险性，是与它得到满足的程度成正比的。在婚姻生活中，这种的禁忌的复活是一个显著的典型，它所带来的结果与孩子和父母的关系十分相像——只需作一点必要的修正即可。也就是说，在一种真挚的爱的态度下，直接的性目标被禁止和取代。关于这种发展，我只知道一个案例:妻子仍然爱着她的丈夫,但丈夫只是她的性目标;该女性真正的性满足，在她 12 岁时已经从父亲那里享受到了。可见，他们距离这种发展还有一段时间。

性在婚姻生活中的发展，确实有这些倾向。至于其中的原因，当然可以有另外的解释。比如，由于渴望得到了满足——特别是当事者与一个对象的关系如果能够一直保持，她的渴望更容易得到满足——性需求不再那么强烈。但是，无论俄狄浦斯情结以何种速度发展，不论它发展到了什么程度，发展的循环都是以上典型现象背后的深层动机，只要追溯就能够追溯到[①]。如果不考虑偶

① 弗洛伊德在其《论文汇编》第 4 卷第 203 页的论文《堕落于性生活中的最常见方式》中，用类似的形式批驳了这个问题:“但是，这个说法——一种本能的

然因素，那么，在个体的知觉中，乱伦禁忌在多大程度上仍然是 生存力量，将决定早期情境的影响在日后如何表现出来，以及表现出多少。或许，在不同的人中，这种更为深刻的影响有不同的表现形式，但是，下面的公式仍然能够概括所有这些表现形式：由于这些影响，婚姻中可能会出现某些束缚或局限，可是，这种婚姻关系仍没有超出主体的可忍受范围，哪怕它需要抑制乱伦的念头。

我们已经知道，当选择某种类型的丈夫或妻子时，她已经感觉到了这种束缚。实际可能的情况是，某个女性必须不能让选择者想起自己的母亲，也就是：这位女性必须在种族或社会血统、智力或外貌上跟选择者的母亲有一定的差异，才会被列为妻子人选。相比真诚的爱情伴侣，由于第三方干涉以及自己出于谨慎考虑促成的婚约，反倒显得更好。这里面的原因，有了以上事实更容易得到解释。婚姻情境与无意识的渴望（源自俄狄浦斯情结），两者是相似的。而且，主体早期的态度和发展，会因为这种相似而反复发生，可只要在最开始的时候，这种渴望没有和未来的丈夫或妻子联系起来，反复的次数就有可能很少。而且，这种婚姻

（接上页）精神价值观永远在它获得满足时减弱——真实吗？”他还提醒我们，可以以一个酗酒成性的人为例，设想他喝酒后会做什么事。可是，这种方式只能打发时间，对于酗酒这种事的依赖为什么会越来越强烈？他提醒我们说：可能会有无数个替代品——它们是一个系列——代表着我们的性生活中最初的性对象，但“她们没有一个能够完全让人满意”。可见，对整个问题，弗洛伊德给出了与此处所给答案相同的回答。我需要做出的解释只是：“真正”爱的对象，人们会一直寻找下去，直至找到。不仅如此，还必须考虑到另外一个问题，就是如何回报爱的对象，毕竟这个问题是依附着不被满足的渴望而引出来的。——原注

保护有一种无意识的倾向，就是避免遭遇更大的灾难，而当我们考虑到这一点就会知道，在某些心理方面，媒妁成婚的习俗包含着东方犹太人所具有的那种智慧。

造成上述这些情况的，是我们脑袋里的某种精神习俗。这一点只要我们深入婚姻内部就可以发现。从一种简单的、对伴侣的性保守（当事者一般不会有什么前戏的快感，在性交中也不会感到什么变化）到彻底阳痿或性冷淡，一系列不同的生殖器压抑，都是由本我带来的。如果我们从自我的角度深入地说，自我用来解释这些压抑的理由或借口，形式多种多样。上述情况的任何一种都无异于否认了婚姻生活。女性为了表现自己，会在表面上承认已婚的事实，其实仍然是否认，因为她们心里从不表示赞同；伴随这种否认，还有一种冲动的倾向，那就是：她们的内在情感经常保持在某种惊讶状态，她们愿意相信自己仍是处女，行动起来像个小姑娘。

女性（或男性）受一种内在力量的驱使，想象自己的良心为婚姻关系辩护。可是，她（或他）的自我却以一种相反的态度对待婚姻关系，结果，婚姻显示出一种夸张的压力感；或者，更准确的说法是，以一种夸张的方式把一种压力感施加给已觉察到的对丈夫或妻子的爱。“因为是出于爱，所以是正当的”这样的说法，确有可能是编造出来的。法庭中有一种与此类似的情况，就是陪审团在看到罪犯的动机是爱时，判决时就会更加宽容。在一篇关于女性同性恋的论文中，弗洛伊德认为，相比其他所有事情，我们的意识以最不完善或最错误的方式表现我们所感受到的自己喜欢或不喜欢另一个人。在婚姻问题上，这一点特别正确，而且人们总是高估感受到的爱的程度。该怎样解释呢，这是我们心里一直想着的问题。稍不留神，这种持久的关系就会一去不复返。在幻觉的作用下，人们容易认为这没什么大不了的，不值得奇怪。在人们的设想中，消除婚姻生活中对性的高估和相关幻觉，不只有上述方法，还包括更加频繁地满足性渴望。于是，在婚姻生活中，人们在涉及精神生活时有较高的要求，并且自然要努力为这些要求辩解，辩解的方式是通过想象，即这些要求的动机是强烈的情感。因此，就算这种情感再也无力驱动生活了，他们依然抓住其核心思想不放。这是人们最明显可以给出的答案，但必须得说，这是很不深刻的，可能是在常见于自我之中的综合需要引导人们找到了这种解释，而且，我们可能还会伪造出一个事实，并说这事实就是根源所在（这么做是为了显示，生活在婚姻这一如此重要的关系中，我们的态度是诚实的）。

关于这种现象，一个更深刻的解释是它与俄狄浦斯情结的联系。我们发现，进入婚姻关系中的人们，同时会受到对爱的戒条和誓言的约束，被要求永远忠诚于丈夫或妻子，而人们无意识地把它们当作再度流行起来的第四圣诫。因此，婚姻中对伴侣的背叛被无意识地当成了一种重大罪过，相当于未能遵行与父母相关的戒律；还有，出于无奈，早期的生活经验，即恨的压抑和爱的夸张，只好一次次准确重现在每个细节上。我的意见是，超我已经禁忌了爱，我们则需要把爱本身假设成这种禁忌关系的一个必要条件，否则，在许多情况下，这种现象是我们无法正确理解的。如果能够这样假设，那么，对爱的保留或幻觉这一重要功能，自然将发挥出来。为什么人们会为爱奋斗不止，原因就在这里。

我们最后发现，为了能够控制自身并反对一种相当强烈的乱伦欲望，婚姻把痛苦（如在神经性症状中）作为一个必要条件。当然，发现这一点使我们有些惊讶。只给痛苦一个简单的描述，似乎是不妥当的，因为为了婚姻这个目的，痛苦可能会有许多种表现形式。因此，我打算就这些形式的少数几个说一说。以一些人的家庭或职业生活为例，其实，觉得超负荷的工作和一些无谓牺牲都是“为了家庭”这种想法，就是在无意识地为这一条件作心理准备。但是，一种沉重的负担已经加在他或她身上了。再比如，人们在婚后牺牲个人发展来维持婚姻，此类事件我们也经常看到，牺牲的部分可能是职业生活领域的、性格的或能力的。最后，我们不得不提到这样一些案例：案例中的一方，愿意接受像奴隶一样满足另一方要求，这种痛苦的地位，其方式可能是有意识地把强烈的责任感作为一种享受。这种案例不计其数。

诸如此类的婚姻，非但没有破裂，反而特别稳固。人们经常为此感到惊讶，并在心里默问其中的原因。跟我之前论述的一样，这种关系之持久性能够得到保证，就是因为这些痛苦的条件得到了满足。经过反思就会看出这一事实。

至此我们应该觉察到了一点：以上这些婚姻，很容易混同于其他一些婚姻，即以神经症为代价的婚姻；无法明确地将二者区分开来。但我并不讨论后一种婚姻的情况，那些可能被认为是正常的情况，才是我在这篇文章里要讨论的主要内容。

我所描述的每一种情形，都可能因另外一种方式而发生决定性变化，因此，其实应该将这些情形合在一起说，但是，我已经将它们独立描述，并清晰地呈现出来。也就是说，在这次调查中，我对真实情况做了某些处理。也因此，虽然没有必要，但我还是想说明一下。比如说，通观所有这些情形，我们知道基本的母性态度是十分常见的。那些对自身能力估计极高的女性尤其有这种态度。关于自己与丈夫的关系，她们好像在说：我不必充当妻子和主妇，却可以是一位母亲。她们似乎认为，婚姻只是因为这一种基本态度而成为可能。爱的关心和责任，表现在每一个案例中。这种态度对婚姻的作用是，以某种方式提供了优良的安全保护。但是，丈夫和妻子之间内部生活的寡然无味、对爱的束缚，正是这种态度建立的基础。

在个体性的案例中，满足过多与满足过少的困境的结果，或许有什么意味，但无论那是什么，这种结果都是至关重要的部分：把对对方的敌意隐藏起来会造成许多种后果。与此同时，对幻觉的否认和乱伦禁忌这两种因素，不但会产生孤立与被孤立的关系，而且，孤立对方的一方，还会在这两种因素的驱使下，无意识地另寻新欢。一夫一妻制的“问题”，就是在这一基本情形下产生的。

力比多要得到释放，尚有其他许多途径，比如升华、压抑，比如退化性地专注于过去的对象或发泄在孩子身上。但是，这些问题我们不予讨论。

我们必须承认，还有一种可能，那就是把其他人作为我们爱的对象。一种印象是儿童期的印象；一种印象是前者详细化的结果，名为第二印象。两种印象截然不同。这就有了一个十分正常的现象：许多不同的可能对象，都可以形成第二印象。

目前看来，足够正常的人的无意识，可能会大大增进另寻新欢的冲动。因为，幼年的渴望，只有个体发展到真正认同其父亲或母亲角色的程度时才会得到满足，尽管婚姻确实也代表着一种满足。俄狄浦斯情结的结果如果能够脱离这种虚构模式，那么，不管是何时脱离的，我们在所有案例中都会看到相同的现象，即父亲、母亲和孩子三者组成的三位一体。在一些根本之处，眼下所讨论的个体有可能将自己和孩子的角色绑在一起。源自这种本能态度的渴望，即便不通过婚姻也可以获得直接满足，那时，上述推论已经变成了事实。

爱的这些情形，最初是在儿童期形成的，这一点也常见于弗洛伊德的作品。因此，我只需激发你记忆里面的这些情形，就能够说明它们是怎样由于婚姻的内在意义而无法实现的。对孩子来说，爱的对象必然伴随着一些被禁止的观念，两者是密不可分的。但对丈夫或妻子来说，除非有一方预感到这种婚姻责任不适当，否则，只允许这些观念不足以称为爱。就其本质而言，一夫一妻制婚姻是拒绝竞争对手的，因此，第三者可能会受到伤害。事实上，那种显露自己性力量或性吸引力的反复性的、强迫性的冲动，考虑到独占是一种特权[①]，有可能是人们所具有的。因为自恋结构

① 俄狄浦斯情结是上述各种情况的一个共同起源。这表明，我们在遗传学上达到了各有差异的水平。然而，固恋依然是我在这里所讲问题的根源。发生这些固恋的情景，是比较特殊的，而且俄狄浦斯情结的冲突在这些情景里面荡然无存。——原注

中的生殖器，可能不十分确定，还可能显得相当虚弱无力。或者说，同性恋的无意识倾向只要存在一天，跟一位同性恋爱的强迫性冲动就存在一天。在女性看来，这冲动促成行动的途径，可能是迂回的：一种可能是，让丈夫产生这种冲动，并在其驱使下与其他女人发生关系；一种可能是，妻子自己寻找充当第三者的机会。性爱生活如果是长期持续分裂的，这生活的主体，即丈夫或妻子，就不会在那些性渴望上继续倾注脆弱的感情，而是在冲动驱使下寻找性对象。这是首要的一点，从实用的观点看，可能也是最重要的一点。

不难看出，保留这种幼年情形的一丝一毫，都不利于一夫一妻制的原则，就是说，这种保留必定会促使丈夫或妻子另寻新欢。

如此说来，对一对多关系的这些渴望，是违背伴侣的一对一要求的，也违背我们心里为自己建立起来的忠诚观念。

我们先看第一个要求。相比让自己放弃什么，更容易的显然是要求别人放弃什么。说得更广泛一些，这种要求有十分明了的起源：必须坦白承认，幼年时独占父亲或母亲的渴望，一旦在后来复活并强大起来，就成为这种要求。目前，在婚姻生活中，完全可以说处处都能看到这种独占的要求（我们已经预测过，它的来源存在于我们每个人身上）。每一种完美的爱情关系，本质上正是独占的要求。至于要求独占的动机，在婚姻及其他关系中当然有可能纯粹就是爱。但是，这种要求的最初形式与破坏性的倾向和对对方的敌意关联在一起，结果破坏了所有的爱，它自己也变成这些倾向和敌意获得了满足后的一块屏幕。

对这种独占的渴望进行精神分析，发现它的首要表现，是作为口欲期的一种替代物。如果它采取的形式，是与对象的渴望结合起来的，那么，这种表现的目的就是独占整个对象。在普通的观察中，这种渴望一般意味着贪婪，即要求占有更多；不愿伴侣有任何其他性体验，对伴侣的朋友、工作或兴趣的嫉妒，都是这种贪婪的表现。可即便在这贪婪里面，它也背叛了自己的最初意图。关于这种占有，我们已经基于理论进行了预测，那就是它里面混有互相矛盾的成分（在对每种口头要求的态度里，也有这种混合），而上述表现已经证实我们的预测。有时候，我们会有这样一种感觉：在这种单纯而完美的要求——即忠诚于一夫一妻制——的运用方面，即在强制要求对方这样做的时候，男人比女人更积极，并取得了真正的成功；而且，男性具有更强烈的独占本能。可能是意识方面的某种重要原因，比如男人希望自己的父亲身份能够得到保证，导致了这种情况。男婴接受母亲的哺乳时所经历的，终归还是与一种爱的对象的部分结合，因此，准确的说法应该是：这种要求在口欲期的起源，给了男性一个更强的推动力。女孩子的相应经历，在她与父亲的关系中压根找不到。

更进一步说，破坏性的因素与这种渴望在另一方面的结合反倒十分紧密。在早期，如果女孩或男孩产生憎恨或嫉妒的情感，很可能是因为这种想要独占母亲或父亲的要求没能得到满足。因此，总有一些憎恨潜藏在这种要求的背后，我们要探知到这些憎恨，一般只需考察这种要求被满足的方式。而且，一般而言，原有的不被满足的失望如果反复出现，这些憎恨就会爆发。

现在看来，我们最脆弱层面上的自尊也受到了早期挫折的伤害，而不只是我们爱的对象。我们还知道，每个人都带着自恋的伤疤，只是多少的问题，这些伤疤也是在这情景中留下的。这个原因也促使我们婚姻中要求双方关系是一对一的，而且，我们引以为豪的主要在于：我们对早期失望所留下的伤疤有多么敏感，就会多么容易地要求这种关系。在家长制的社会中，男性先于女性提出独占的要求。男性提出这要求的动机，不是爱，而是名誉；可笑的“当王八”[①]，就是这种自恋因素的最直接表现。特别是，当一个社会以男性为主导，那么男性更多考虑的，一般不是爱，而是自己在配偶关系中的地位，于是，这个问题必将越来越事关名誉。

与这一要求紧密联系在一起的最后一个本能因素，是肛门性虐待。“一夫一妻要求”的某种特异性，正是这些因素和自恋因素共同赋予的。婚姻中的占有问题与自由恋爱时的双方关系相反，它既与男方历史的重要性紧密相关，又与女方历史的重要性紧密相关。婚姻关系是一种经济合作关系，这虽然是事实，但它的重要性，比不上女人是男人附属品的观点。所以，在婚姻中，性爱对个体的压力，如果完全没有肛门倾向的特征，其他因素就要发挥作用，并将爱的要求转变成另一种独占要求，就是肛门性虐待。在过去，如果一位妻子失贞，会遭到最残暴的刑罚，这些形式就包含肛门性虐待因素的起源。但是，这些基本因素在今天的婚姻

①“当王八”，指自己妻子跟别的男人有染，即男人被女人戴绿帽子。——译注

生活中的某些方式上又得到了无意识的呈现，这些方式满足并实现了这种（性虐待的）要求，那就是我们通过分析强迫性神经症案例所看到的爱的强迫冲动，以及折磨伴侣时要不要醒悟的犹疑，不过，这种冲动和犹疑的程度大小不一。

因此，有些起源是非常原始的，因为它们的生存力量源自一夫一妻的观念。一夫一妻的观念被称为低级起源，尽管如此，它已经发展为一种独特观念。如我们已经了解的一样，意识虽然压抑了基本的本能冲动，但这些冲动在其他观念中找到了满足自己的方式，而且一夫一妻观念的成长过程和这些观念的演进过程是同一过程。如下事实促进了这一过程：当我们某些被压抑的最强大的渴望获得满足时，这满足就代表着一种成就，在各种社会和文化方面，这些成就都是有价值的。使人的自我能够压抑其自身的批判功能，正是这种观念形式的价值；若不如此，自我批判功能将使自我认识到如下一点：作为一种渴望，这种永远独占的要求是可以理解的，但是，它作为一种需要满足起来比较困难，不仅如此，这种需要本身也不合理。进一步说，这种要求所代表的东西，与其说是对真爱的渴望，不如说是自恋式的满足，是类似肛门虐待的冲动的满足。自我获得了这种观念的形式，就得到了一种“自恋式的保证”；在这种保证的操控下，在其他情形中受到指控的本能可以自由地展现出来。与此同时，自我的估计能力也得到了提升，提升途径就是觉察到什么是正确而又理想的要求。我的这些关于观念形式和自我的论述，亦可见于拉多的论文《一位焦虑中的母亲》[1]。

当然，尤其重要的是，这些要求必须要得到法律的认可。有一些建议主张让婚姻中的危险暴露出来，这是在意识到上述强迫之后的变革，但是，人们一般会不太赞成这些建议。然而，这种要求的整个价值观如果明确地表达出来，可能已经被法律认可了。而且，扎根如此之深的本能，是这种独占要求建立的基础，当我们意识到这一点就会看到，如果眼下有某种新的理由是理想的和正当的，而且来自人性，我们将通过各种的可能方式找到它，不管付出什么代价。而且，从心理经济学的角度来看，一夫一妻的关系只要还受到这个社会重视，且存在可能的途径来满足那些深藏在这种要求背后的基本本能，那么社会就应该有兴趣允许其存在，因为本能已经被迫受到束缚，需要得到补偿。

在每个个案中，有一般性基础的对一夫一妻关系的要求，可能会得到各个方面的强化。比如，在本能中，它的一个组成成分可能会发挥作用；或者，在嫉妒中，我们通常所认识的动机力量，也可能发挥一定作用。事实上，一夫一妻制的要求是一种保证，这种描述对我们来说，它所保证的就是主体不会受到嫉妒的折磨。

在另一方面，强烈的负罪感可能会像压抑嫉妒一样压抑这种要求，负罪感会低声说：独占父亲吗，我没有那个权利。或者，人们已经普遍知道潜在同性恋的表现，这种要求也可能有同等表现，即被其他本能的目标掩盖住。

① 载于 1928 年《国际精神分析杂志》第 9 卷。——原注

更进一步说，一对多的渴望违背了我们自己的忠诚观念。我们自己对忠诚的态度与别人的一夫一妻制要求不是一回事。在我们幼年的经历中，我们无法为前者找到一个直接的原型。很明显，这态度本身不是什么根本的束缚，甚至在一开始的时候就不是，因为它所代表的，是对本能的束缚。但是，这种态度代表了一种本能的转变。

何以如此？当我们默问自己这个问题并对这种要求展开研究时，一般很少接触到男性，而是更多接触到女性。对我们来说，尽管人们经常给出肯定回答，但是，在大多时候，男性要求一对多关系的特质不是问题的关键所在。这有两方面的原因：一方面，我们不怎么知道先天特质的问题；另一方面，人们只是因为明显偏袒男性才那样认为的。然而，在实际生活中，男性确实比女性表现出了更少的忠诚，我认为我们可以问问这里面是哪些心理学因素在作怪，而且可以找到这样发问的正当理由。

不顾历史、社会的因素来解答这个问题是办不到的，因为这种紧密联系会有多种答案。例如，如果要履行夫妻间一夫一妻制，那么，不管是哪种方式，男性的有效性都高于女性。于是，我们可能就要考虑，这一事实在何等程度上间接致使女性表现出了较大忠诚。我认为，这个问题不关严惩女性不忠行为什么事，女性在经济上的依赖性是一个关键。不过，还有其他更复杂的因素，那就是：男性为了保证女性的一些“性奴隶身份”，要求女性在结婚之前必须是处女。关于这一点的清晰论述，见于弗洛伊德的《童贞的禁忌》。

从精神分析的角度看，这个问题又涉及两个问题。第一，女性比男性把性交看得更重要，这是因为怀孕的可能性，且一般表现在生理方面。可是，心理上的表现难道一点也没有吗？令我惊讶不已的是，答案往往是否定的。直至今天，我们依然不能认为可以不涉及生育本能谈论性交，这是由于我们对这个主题知道得太少了，不过它一直就藏在自身精神超结构之下，我们若想看到它，就总能看到。“精神”和性爱的分离，是一种主导性的男性气质特征，事实上，它几乎是具体的特征。这我们已经知道，却不知道这种分离在很大程度上影响忠诚的可能性。难道说，我在这里所说的，不正是我们正在寻找的那种东西吗？不正与两性生理差异造成的心理问题有关吗？

如下考虑将引出第二个问题。在男性和女性身上，俄狄浦斯情结有不同的表现，这种差异可以表述为：男孩会放弃最初的爱恋对象，而且，由于他为自己的生殖器感到骄傲，这种放弃会更加彻底；但是，女孩身上形成的对父亲本人的那种固恋，却会越发强烈，若要她真正放弃，除非她在足够程度上放弃了自己的性别角色。接下来，我们应该问的是：在未来的生活中，女性会不会由于这种两性间的差异而获得相当严重的生殖器禁忌。生殖器禁忌有两个表现形式，一个是比阳痿更普遍的性冷淡，一个是对夫妻关系的忠诚。因此，换个不确切的说法，女性更容易做到忠诚，会不会就是这种差异的作用？而且，问题在于我们能否找到相关证据。

有许多因素我们应该将其看成是忠诚的基本条件，生殖器禁忌就是其中之一，我们在上面已经论及了。然而，我关于忠诚的条件的论述，或许是正确的，只要看看女性性冷淡者或男性性无力者是怎样表现其不忠诚的，就会看出这正确性。但是，不用多说，我们仍有必要给出一种更加准确的论述。

一般情况是，具有强迫性忠诚特征的人们，会用传统禁忌掩盖住自己的性负罪感。[①] 当我们观察这一情况，就稍稍前进了一步。传统之所以在道德上的约束非常重要，是因为无论无意识的禁忌本身，还是传统所禁止的包括一切不以走进婚姻为目的的性关系在内的一切东西，都成了一种重负。正如我们已经做出的预测，面临这种困境的，一般只是这样一些人：他们在某些条件下结婚，却立即体会到了自由的重要意义。

在今天，谁若要体验这种负罪感，可以留意自己与丈夫或妻子的关系，将有非常重要的发现。婚姻中的双方，或者无意识地充当着父亲，或者无意识地充当着母亲，这两个角色都会得到孩子的崇拜和爱。而且，双方的头脑中都会反复出现最初禁忌和惩罚的恐惧。特别是在第四戒律的压力下，最初对手淫的负罪感又被激活了，并且在它营造出来的负罪氛围里面，充斥着一种夸张的责任感。这氛围，或者可以称为一种易激怒反应；在其他情况下，它或许是一种虚伪的形式，或者形成一种焦虑反应，让身在其中的人总怀疑对方有所隐瞒。如果让我假设，我更倾向于说，相比手淫与负罪感建立联系的方式，不忠诚的方式更简单且直接。事

① 在西格瑞特·伍德赛特的《克莱斯提坦·莱昂斯达特》中，可以非常清楚地看到这种联系。——原注

实上，与父母相关的性渴望，最初所找到的肉体表达方式就是手淫。但在早年间，一般会有其他对象取代手淫幻想中的父母。因此，孩子对父母早期的不忠诚，就是以这些幻想和最初渴望为代表的。不忠诚者与兄弟、姐妹、朋友、佣人等人之间的性经历，同样也可以这么说。在幻想范围内，手淫是不忠诚的最早代表，同样的，现实中的这些经历代表着手淫。有一些人在经历了早期事件后，仍然保留着一种独特的真实负罪感，我们通过对他们的精神分析发现，这些事件无论是真实的还是幻想的都改变不了一点，那就是，这种负罪感正是他们以一种极少见的焦虑回避婚姻中一切不忠诚的原因，因为，其负罪感将重复出现。

那些具有强迫性忠诚的人，尽管有强烈的一对多的渴望，但这种早期固恋的残余在他们身上会反复出现。

然而，忠诚的心理学基础，还可能是另外一种很不同的样子。我们一直在讨论的某一个人，可能会具有这个基础。不过，这基础的存在，也可能是完全独立的。这种人特别敏感于婚姻中对方的独占要求，其中原因我已经说过，当然也可能是其他原因。他们还会反省自己，不妨说这就是他们在应对这种敏感。在他们的意识中，一种要求必须要自己先达到，然后才能向别人提出。但是，这种情形有更深层的原因，那就是他们幻想自己是万能的：他自己放弃了其他关系，就如同做了一个魔术动作，对方也会连带着做出这种放弃。

一夫一妻制要求背后的动机，以及这动机与什么力量互为冲突，现在我们都已经看到了。这些相反的推动力，可以用一个物理学的比喻，就是婚姻中的向心力和离心力。而且，关于这两种力量，我们必须指出，我们可以进行一个实验来验证：两个对手间的相反力量是互相匹配的，而且，两者的动机力量都来源于最根本、最直接的渴望，而这渴望起源于俄狄浦斯情结；婚姻生活既激发这种推动力，也激发那一种，这是不可避免的，唯一可能出现变化的是它们的活力程度。对于婚姻生活中的这些冲突，我们没有找到一种原则去解决，而且不可能找到，这个实验就能够帮助我们理解其中的原因。至于到底是哪种动机在发挥作用，我们勉强能够看清，但是，我们若要觉察到一种或另一种行为实际带来的结果是什么，只有根据精神分析的经验进行回顾才能做到。甚至在个体性的案例中也是如此。

给我们的观察结果一个简要概述就是：违背也好，遵守也好，一夫一妻的原则都能够被憎恨的因素打开一个缺口借以发泄，而且发泄的各种方式简直有天壤之别。我们还发现，憎恨就是直接针对伴侣的。这种针对的形式，可能是这样或那样的，而且，理应在婚姻生活中建立起来的基础，即夫妻之间脆弱的依存关系，在这两种针对形式下都会被破坏。至于解决这个问题的最后正确途径，我们必须交给道德家去作决定。

虽已得到这样的洞见，我们也没有办法应对这样的婚姻冲突。一夫一妻的观念和一对多的倾向都被这个发现——即造成冲突的无意识的源泉——弱化了，结果我们有可能解决这些冲突。在另一方面，我们也可以受益于我们获得的知识。我们往往会有一种不自觉的倾向，那就是，看到两个人婚姻生活中的这种冲突，就认为分手是唯一的解决办法。我们有一种信念，就是这种个人感觉虽然还没有经过检验，但必将完全保留下来。我们越是深入理解每一桩婚姻中的这些或其他一些冲突的必然性，这种信念就越深刻，我们就越具有更强大的能力，来在现实中控制这些冲突。

五　经前焦虑

月经这种现象是很常见的，而且以它为核心和起源，女性开始受到焦虑性幻想的困扰。这是我们已然熟悉的事实，在我们对焦虑与性的所有关系何等密切有了更清楚的了解时，这种印象还会得到加强。除了对个别患者的观察分析，令人印象深刻的人种学事实，也丰富了我们的经验。这种焦虑性的幻想无论男性还是女性都可能具有。原始人[①] 的禁忌里面有强有力的证据，证明男性对女性非常畏惧。准确地说，月经现象是产生这种恐惧的主要根源。对女性的精神分析表明，伴有出血现象的月经会唤醒女性的野蛮冲突和幻想，此二者都存在于女性内部，既可以是主动特征，也可以是被动特征。对于这些幻想的重要性，对于女人经历它们的重要性，我们目前还了解得不够，但是，面对多种心理性和功能性月经失调，我们已经从这些重要性中获得一种实际且有用的工具来施加影响，这些影响具有治疗效果。值得注意的是，不仅月经期间会出现失调现象，在月经开始的前几天，失调现象更常见。

① 至于月经禁忌的原因，我不打算进行深入研究。我只想请读者参阅 C.D. 达里 1927 年的《印度神话与阉割情结》和 1928 年的《月经焦虑》，这是两篇深刻而信息丰富的论文。另见达里的信，载于《精神分析教育学杂志》第 5 卷第 5、第 6 期。——原注

这一事实人们尚未加以密切关注。对于这些失调，人们一般已经有所了解。一切都超过常量的感觉、神情低落或被贬低感、强烈轻视自己的感觉、显著的压抑、严重的抑郁，这一系列情感都属于不同程度的焦虑，而且，与之混在一起的经常是易怒或焦虑的情感。在这方面人们的印象是，真正的月经失调并不表现为这些情绪波动，它们一般只是正常经历而已。健康女性经常出现这些波动，而且，人们通常看来，它们不是一种病理过程。另外，人们很少从它们联想到心理失调，或联想到转化性歇斯底里症。

说到它们，显然需要提到对月经来潮幻想的详细解释。这些现象向着真正月经失调的转变，的确有可能发生，但是，出血现象会带来一种解脱感，这就驱退了这种转变。有些女性每次看到关于月经的这些联系时都感到难以想象，自己在解释那种解脱感时却坚信整个生理过程在进行一场骇人游戏，所以她们才会经历这一切痛苦的梦魇。于是出现了这些情形与出血和出血原因无关的理论。另外，首次月经来潮之前，亦即潜意识还没有预期到出血的时候，它们就已经频繁出现了，这是这种理论的另一个支持因素。关键是月经不仅仅是出血现象，所以月经的心理过程与生理过程才可以互相类比。

对于这些经前焦虑，内科医生关心的程度小于我们，因为他们是从生理角度看问题的。他们还知道，出血之前整个事件的基本——可能也是最基本的——过程就已经发生了。更容易让他们感到满足的是一种一般性的看法，就是先有生理基础，然后才会有心理负担。

有哪些事情能够帮到我们呢？让我们作一个简单概括。首先，在一个卵巢里面，一个卵细胞成熟了，它周围的薄膜即卵泡随即破裂。该卵细胞如果此时受精，就会通过输卵管游到子宫，并在那里着床。这一步大约在两次月经中间。卵细胞保持存活以准备受精的时间大约是两周。与此同时，破裂的卵泡转变成脂肪黄体素。脂肪黄体有一种内分泌腺的功能，“雌激素荷尔蒙”——最近的名称，是以纯净形式析出的——就是它的分泌物。即便是对那些摘除了卵巢的老鼠，这种黄体也能够引起发情周期。这种雌激素荷尔蒙是这样发挥作用的：它使子宫内的整个分泌黏液膜发生一种变化，即变成海绵体、冲血，分泌黏液，黏液充满子宫内的腺体。这种变化看起来只有怀孕时才会发生。如果没有受精，黏膜的表面就会脱落。那些为胚胎成长而聚集起来的物质也要被排出。月经出血的同时，死掉的卵细胞也被排出。同时，分泌黏液膜，又开始了新一轮的再生。

这以后的雌激素荷尔蒙的功能并不是一蹶不振了。剩余的生殖器官血流量更加充足，比如说，人们经常能够发现月经出血之后的乳腺组织实际上增大了，这甚至发生在月经开始以前。而且，血液、血压、新陈代谢和体温的可测量变化都受荷尔蒙的影响。女性的生活有一个节奏性的大周期，我们经常谈论它，而考虑到以上影响的程度差异，这周期的生物学意义就在于每月为生殖过程做准备。

就其本质而言，这些关于生物学事实的知识，并没有给我们任何信息，以帮助我们了解经前紧张的特殊心理。但我们绝对有必要理解它们，因为有一些心理过程是与这些生理事件平行发生的，或者说，正是这些生理事件引起了这些心理变化。

大体说来，这不是一种十分新颖的观点，生物学已经确认，力比多的增加总是伴随着我们所描述一个（心理）事件而发生。在动物身上也能清楚看到这种平行事件，而且，一种荷尔蒙的“雌性”激素名字就是在看到这种联系后获得的。哈夫洛克·霭理士等一些著名研究者有一个假设：人类中的女性身上也有等同于力比多增加的平行心理过程。因此，力比多增加而导致的焦虑问题是女性必须要理解的。在文化的限制下，理解这个问题变得比较困难，就是说：这项理解任务在基本本能需要有机会得到满足的条件下才能够顺利完成。这种机会如果得不到，比如受外在或内在原因的限制，那就难以成功了。对他们的这些观点，我们表示赞同。在健康女性——其心理性欲的发育，相对其他女性是安静的——身上的表现，也证实了平行的联系。如果她们在一段性生活之后感到满足，就完全没有月经失调的症状。如果她们遇到了外界的什么挫折，或者经历了某种不满意的事情，就又可能出现月经失调。在研究了引发这些紧张的心理机制后，我们发现在某种原因的作用下，这里所说的这种女性没有妥善对待挫折的能力，她们应对挫折的方式就是愤怒的情绪[①]，但是，她们会把所有愤怒强加给自己，而不能发泄出去，哪怕只是一丝也发泄不出来。

还有一些女性，她们由于某种情感上的压抑而心有不满，我

① 至于这种应对的方式，与相关过程的一般分类没有关系。——原注

们发现以上症状在她们身上更严重，其机制更复杂。我们感到她们能够经受得住损失一些活力，可即便如此，要保持稳定的平衡，她们还做不到。当力比多增加时，她们在保持平衡上的无能就表现得更加突出，于是，在她们身上因人而异地发生了退行现象[①]，综合地说，幼儿期反应的重新出现是这种现象共有的表现形式。

几乎毫无疑问的一个事实是，有临床的观察研究支持了这些观点。即使有这些支持，我们依然发现，经前焦虑——尤以温和型的显著——出现的频繁度超过了我们的预期。因此，我们必须还要问自己：这种因果联系是不是受到了某种条件的束缚？现在，我们在考虑经前焦虑的出现或不出现时，必须联系到生殖力比多在大量神经症当中的典型聚集，以及对这种聚集的解释，才能够回答这个问题。而且如此一来，要理解个人情形中的某些方面可能就比较容易了。在这样做之前，这个问题必须要有新的问法：导致经前焦虑的特殊原因真的就是这种力比多增加之类的东西吗？

实际上，心理事件的所有方面都会产生影响，但我们只考虑了一部分，其他方面的影响是生理决定性的，却被我们严重地忽视了。我们应该记住，力比多增加的意义在于在生理上为受精做好准备，而基本器官准备变化是为了顺利怀孕。

于是，我们必须要问：女性有可能在某一方面意识不到这些

① 人们在受到挫折或面临焦虑时，会放弃已经习惯了的适应技巧或方式，退而使用早期生活阶段的某种行为方式来降低自己的焦虑，这种现象就叫退行现象。——译注

过程吗？女性的精神生活是不是也为怀孕做好了准备？

我们不妨一起作一次回顾。以上的可能性有我自己的观察提供明确支持。患者T告诉我说，她月经将至时的梦里面的一切总是红色的和关乎感官的。似乎她还有邪恶和罪恶在压迫着她以及身体沉重且丰满的感觉。月经一到，她立即觉得解脱了，并经常认为自己就要生孩子了。

她在家里是老大，有两个妹妹。她有一个特别专横和喜欢争论的母亲。在她面前，父亲总是温文尔雅的样子。一起旅行的时候，经常有人认为她和她父亲是夫妻。她的丈夫比她大三十岁，其人格和外貌都像她的父亲，她是在十八岁时嫁给他的。有那么几年，她和丈夫没有任何性关系，但他们依然生活得很美满，而且，在此期间，她强烈地讨厌小孩子。她开始不满意自己的婚姻和生活环境，并开始以一种不同的态度对待孩子。她决定选择一份职业，最后成了护士学校的一位老师，但在这之前，她一度犹豫要不要成为一名职业接生者。从教多年，她对孩子也表现出一种特别的爱，后来，她又开始讨厌这种职业了；她开始意识到这些孩子只是别人的，而不是她的；对性欲的态度，她一直是想要克制的，只有很短的一段时间是例外，这倒不是因为子宫怀孕的幻想，而是因为她有得了纤维瘤必须切除子宫的感觉。她对性的渴望开始强烈起来，似乎只是在她要孩子的愿望失败以后。以上这些极不完整的描述是她的生活中的一些细节。它们可以表明，在这个案例中，想要孩子的愿望受到了最大限度地抑制。她的母性和孩子气特别明显，这是她的神经结构显示出来的。正是这种神经结构总体上阐述了相同的核心问题。

在这个案例中，至于什么强化了想要孩子的愿望并进而导致了强烈的压抑，我不想作深入研究。我只想说，在焦虑或负罪感上过分聚集了想要孩子的愿望，支持这一观点的，就是该案例中发人深省的证据。性质与此相似的其他案例也能提供支持。原因就在于她的意识与破坏性冲动一直保持着过去产生的联系。

如果这是一种极端的压抑，它就会使压抑者杜绝要孩子的愿望，而且会取得成效。我发现，所有这些愿望都跟其他的神经结构没有任何关联。相比而言，人们更能够在那些有经前焦虑者的案例中确定，这一假设即使想要孩子是一个十分强烈的愿望，但是人们在情结上又是顽强抵抗这种愿望的，结果这种愿望从来不可能有实现的机会。惊讶于此的我们从中得出这样一个假定：造成一个备孕机体心理平衡失调的原因是备孕激发了她受压抑的想要孩子的愿望，但这愿望是不确定的，时而压抑，时而伸张。这种冲突在梦中被揭示出来，而这种梦以惊人的高频率在月经前期出现。然而还有一些形式的梦，它们是母亲身份的揭示，而且与上述梦一样频繁出现，这就需要进行更准确的测验和检查。后一种梦的例子是：在这些患者身上有规律地出现经前紧张，就是说她们想要孩子的愿望变得十分强烈，然而由于害怕这种愿望难以实现——从性行为的害怕到其他一切担心,包括对婴儿的看管——她们又很焦虑。这种焦虑同样可能出现在任何一个拥有强烈要孩子愿望的女人身上，她们都害怕分娩时会死掉，于是愿望的实现遭到阻碍。

我发现，一些案例中的女性有强烈的生孩子愿望，并确实怀孕和分娩了，她们很少会出现经前焦虑。经前焦虑并不是一个必然规律。我又想起许多这样的女性，在她们的生活中，一个发挥重要作用的因素明显就是母亲身份，但是，与该身份相关的无意识冲突也在她们身上发生。从早晨生病、分娩时收缩无力，到对自己孩子的过分保护，诸如此类，都是这些冲突的表现方式。

至于我是什么看法，我想可以在这里以一种十分谨慎的态度做个概括。在一些案例中，现实经历强化了要孩子的愿望，可同在这一过程中，某些原因却使这愿望几乎不可能真正得到满足。我想，在这样的案例中很可能会出现经前紧张。有一位女性，她母性十足却也充满冲突，那么我觉得通过对她的观察将发现一个事实，那就是经前焦虑的原因不是力比多增加。她的经前焦虑同时伴随着特定的月经失调，尽管那时她对和一个男人所经历的性关系是十分满意的。那时，她生孩子的愿望也特别强烈，却在一些强有力原因的作用下无法实现。有一个时期，就是她的乳房在月经到来之前严重变大时，她的谈话总是离不开生孩子的问题，有时还会涉及避孕工具以及它们的影响和可能的伤害。

另外还有一种现象，虽然我还没有展开深入研究，但它已然表明，经前焦虑的出现一般的确是力比多增加的结果——但是，具体的促进因素还不是这个。女性在月经一开始就有了明显的解脱感，这一点我在前面已经说过，现在我应该再深入说说：这个观点不能解释为什么在月经期的情感焦虑会突然下降，但在整个月经期内力比多是持续增加的。然而，怀孕的幻想因经血的出现而结束，因为“现在，我要生小孩了”。这正是上面的患者所说的话。不同的个体可能有极不相同的心理过程。上面已经提到许多案例，其中一个案例出现了这种情况：当事人提出了一个自认为非常重要的想法就是做好牺牲的打算。“这种牺牲已经得到了上帝的许可”，这就是她在月经开始的时候所想的。同样，能不能摆脱焦虑，要看能不能得到一种无意识的满足，而出血就代表着这种满足，只是代表方式因人而异。或者，还取决于超我的放松，因为基本的事实是顽抗的幻想在月经开始时立即结束。

概括地说，为怀孕做准备的生理过程会释放经前焦虑。这一假设可以从以上所有观点中推导出来。想要孩子的愿望属于疾病和个性的核心部分。既然我已经十分确信上述联系，如果出现月经失调，肯定就能够预期到关于这愿望的冲突，而且我相信这屡试不爽。

我所说的“经前焦虑”与妇科医生的概念不同，现在我想再次界定它的内涵和外延。我们所处理的东西不是一个基本的弱点，也不是这样一个条件：它使人们推导出妇女效能低下的偏见。我们实际上认为，对那些考虑着母亲身份心里却有强烈冲突的女性而言，经前焦虑代表着一种负担，它发生在女性生理周期的这个特定时间。

我确信，对女性来说，母亲身份所代表问题的重要性不止于此，甚至远远超过了弗洛伊德所假定的重要性。想要孩子的愿望

“绝对属于自我心理学”[①]，而且是次级重要的[②]，就是说这愿望不是一种主要的本能，因为它产生于没有阴茎的失望。这就是弗洛伊德所坚持的意见。

而我的意见则相反：想要孩子的愿望是一种主要愿望，尽管阴茎渴望的确有可能使它得到许多次等强化。这种愿望的根源本能地在于生理学领域。要理解我们已有的对经前焦虑的观察，似乎必须以这个根本概念为基础。至于“体内流态刺激的精神表现”[③]为何会在提出了“关乎母亲身份的内驱力”概念后得到说明？我的看法是，弗洛伊德所假定“内驱力”的一切条件，想要孩子的渴望都具备，而这一点恰巧是这些观察能够轻易表明的。

① 参见弗洛伊德 1916 的论文《肛门情欲在本能下的转变》，载于《论文汇编》第 2 卷第 164~171 页。——原注

② 参见弗洛伊德 1925 的论文《由两性解剖差异导致的心理后果》，载于《论文汇编》第 5 卷第 175~180 页。——原注

③ 参见弗洛伊德的论文《有关性研究的三篇论文》。——原注

六　论两性之间的不信任

关于两性关系的一些问题的讨论，在这里我必须请求你们不要有太高的期望。内科医生认为的最重要方面，不会是我所关心的主要部分；为你们指出两性间不信任的几个心理原因，才是我更关心的部分。如果我要简单提及治疗问题，也只会放在最后。

两性关系与亲子关系在很大程度上是相似的，因为对于这些关系的积极方面我们都投入了很大的精力。我们还偏向于假设“爱意”这种因素在这些关系中是根本的和既定的，而“敌意”这种因素却是偶然的和不必发生的。我们不得不承认，实际上我们已经非常熟悉的“两性之间的战争”“两性之间的冲突”的一类说法没有什么太大的意义。我们关于它们的观点很容易具有偏向性，这是它们的错误导向，就是说它们使我们在男女之间的性爱关系上过于集中地投入了注意力。回顾大量的案例，我们得出的结论反倒应该是:公开的和潜在的冲突很容易破坏爱的关系。另一方面，对于个人的不幸、双方关系不和、社会或经济原因导致的困难这些东西，我们的抱怨又过分了。

我们发现许多破坏男女关系的个体因素可能是互相关联的。但我们必须问自己，在个体性案例中的关系失调是不是起源于共同的背景？容易且高频率地在两性间出现的不信任，是不是有共同的性质？因为我们发现失调往往是爱的关系中一个频发现象或周期性现象。

这个问题所涉及的领域太广了，因此我几乎不可能作出一个完整的阐述。即便是社会制度的起源和影响等因素，比如婚姻，我也不打算提及。我只想在这样一些因素中做出选择，然后加以说明：这些因素都将有心理的解释，它们的原因和影响都在于两性间的焦虑和冲突。

从哪里开始呢，从一些说旧了的事情吧。这种怀疑的气氛有许多不仅是可以理解的，甚至还是有正当理由的。需要提及的密切相关因素显然不是作为个体的伴侣，而是这些怀疑所造成影响的程度，以及战胜它们的困难。

这些影响能够使人沉迷、无法自拔和投降，换句话说，它们把人带入了解脱一切限制的无底深渊。这一点我们已经知道或者只是有模糊的感觉。真正的感情是极其罕见的，原因可能也在于这些影响吧。从我们所表现出来的倾向看，我们如同是一个成功的商人：宁愿有所保留，同时准备退出，也不愿把所有鸡蛋都放在一个篮子里。即便如此，我们也害怕另一个人抹杀了我们的自我，这是自我保护的本能所致。为什么在教育和心理方面也会产生爱情方面的问题，原因就在这里。可能所有人都觉得自己知道这缘由了，但真正知道的人其实是很少的。人们所表现出来的一个倾向是：忘记自己的付出其实少得可怜；对对方身上的缺陷，却有更多知觉，并在心里觉得“你从来没有真的爱过我”。当一个妻子感觉丈夫没有为自己投入他所有的爱、时间和兴趣，她通常会有轻生的想法。其实，她的态度决定她将暴露出自己有多少敌意，揭露她内心深处的恨意，在行为上表现出攻击性，可是她对这些都不留意。她只是一味感到绝望，因为她觉得只有自己在付出大量的爱。同时，她最清楚地感到伴侣对她并没有什么爱，于是引起了最强烈的感觉。斯特林伯格是厌恶女人的，有时候，即便是他也会尽量为自己辩护说：不是他憎恨女人，而是女人的憎恨和折磨都加给女人自己了。

在根本上说，我们在这里所讨论的不是病理现象。一般而言，我们在临床案例中看到的只有正常现象的扭曲和夸张。谁都有一种忽视自己的敌意的冲动，不过这冲动的程度有所差别；但是，他可能把自己敌意转嫁给对方，因为他的良心迫使他觉得怀有恨意对不起自己。这种过程会使人怀疑伴侣的真爱、忠贞、真诚或善良，这是必然的，只是方式或许是公开的或许是隐秘的。关于两性之间的这种关系，我不认为那是恨，而宁愿说那只是不信任，原因在于我们自己的经验是与此吻合的，而且我们更熟悉的是不信任。

我们的期望和对幸福的渴望一直藏在内心深处，而且不管是在心中哪个位置，它们都不活跃，而爱情这种强烈情感点燃了它们。这一事实正是我们正常爱情生活中失望和不信任的来源，这来源是深层次的，几乎无法避免。我们所有的无意识渴望都有自相矛盾的性质，在任何一方面，它们都一直延伸到无限深无限远的生活角落。它们正等着在爱情中被实现。爱的双方的要求是：在强壮的同时软弱无助；既能控制对方，又能被对方控制；欲望要禁锢，感觉却不能丧失；对方应该能够对我们施加暴力，同时又要温柔；他需要有和我们在一起的大块时间，在创造性的工作中，他也要十分努力。如果我们能够确定这一切期望他都能真正实现，那么，我们对他魅力的估计就表现为自己很高的性欲。这种过高估计被我们当成衡量自己爱情的方式，可是在现实生活中，它只代表着我们期望的程度。这些愿望是不可能实现的，这是我们的这些要求的本质所决定的，于是我们也就感受到了失望。我们处理这些失望的方式就算是有效的，失望也不可避免。其实对于我们自己潜在期望的程度，我们没有什么意识，同样的，在有利的情形下，我们甚至也不必意识到我们的失望竟有如此之多。但是不信任的痕迹已经留在我们身上了。父亲并没有为孩子摘星星的能耐，而当孩子发现这一事实时，就产生了这样的不信任。

截至目前，一定会有人说我们只是提出了陈旧且没有具体分析的观点，而且，对它们的公式化，在过去已有许多人做得很出色了。下面我们就要进入分析阶段，而分析的起点是以下问题：在人类发展的历史中，导致期望和满足之间矛盾的特殊因素有哪些？在特殊案例中，这些因素具有特定的意义，又有什么东西在这里面起作用？我们将首先进行一般性的思考。在很长一段时期内，婴儿是无助的和依赖性的，这是人类发展与动物发展之间的一个基本不同点。所谓的童年乐园往往只是一种幻觉，成人喜欢拿它来欺骗自己。孩子们的真实感觉是，有太多危险的怪兽住在这个乐园里面。看起来，与异性接触无法避免不愉快经历的发生。

孩子有一种能力是类似于成人但与成人不同的，就是激情和本能性欲；而且早在童年早期，我们就有这种能力了，因此只需回忆一下即可唤起。孩子的这种驱动力虽然相同，但有着不一样的目标。对完全质朴性的要求，体现了最重要的目标差异。他们发现自己的渴望难以表达出来，即便成功了，也不会有人严肃对待他们所说的话。有时候，成人认为他们的严肃性是可爱的一种表现，却有可能忽视它或者拒绝它。总之，遭到果断拒绝、背叛和欺骗，这些痛苦且让人蒙羞的经历是孩子必定要承受的，同时，他们父母或兄弟姐妹可能享受着比他们高的地位。为了获得大人所不承认的快乐，他们设法玩弄自己的身体，大人发现时会威胁和恐吓他们。在这一切面前，孩子是软弱无力的，他的愤怒要么完全得不到表达，要么只能极少地公开。运用智力理解这些经历并加以把握，他们又做不到。生气和攻击行为被拘押在他们的身体里了，他们只能进行过度但几乎不能进入意识的幻想。从成人的角度来看，从诉诸武力和偷窃，到杀人放火、剁碎和窒息，这尽是一些罪恶的幻想。对自己体内的这些破坏性力量，孩子有模糊的意识，可是对于大人的威胁，他们产生了同样的感受，这是一报还一报的复仇原则在起作用。幼儿时期的焦虑是任何一个孩子都不能完全逃脱的，根源就在这里。

至此，对于之前谈到的爱情恐惧，我们现在可以有一个更好的理解。我们出于本能进行自我保护，就是因为一种童年恐惧在整个最不理性的范围内被唤醒了，那就是具有某种危险的、对父亲或母亲的恐惧。换言之，害怕他人对我们或我们对他人的可能行为这种恐惧,总是与爱的恐惧搅在一起。举例来说,在阿鲁岛上,一对情人如果在发生争论之后，一人把另一人赠送的头发毁掉就会生病，因此，他们绝对不会把头发作为礼物送给心仪者。

关于童年时期的冲突在后来影响两性关系的方式，我想作一个简要描述。拿下面这种典型情景来说，小女孩的这种来自男人的内在本能渴望，由于她所受的一些极大失望，进而还有重度伤害——都来自她的父亲——而变成了另外一种样子，即渴望暴力式报复。女孩态度后来的直线式发展,其基础就是这种转变奠定的。她自身母性的本能将由于这种态度被否定，而且这态度将只允许她保留伤害、压榨和耗干男性这样一种吸血鬼一般的驱动力。先是想接受什么的渴望，在一种良心不安的焦虑压力下，这渴望变成了予以拒绝的欲望。假定与这种转移相似的转移是存在的，那么，我们在这里得到的这种女性，就表现为女性的一种类型。要这类女人跟男人和睦共处是不可能的，因为她们担心每个男人都会这样想:她是不是想从我这里谋求什么。这种担心的真正含义是,她们害怕自己压抑住的欲望，会被男人猜到，或者对男人表达出来。她的想象可能是：不管哪个男人，他们只想利用我，性满足是他唯一想从我这里得到的东西，一旦得到，他就会躲开我。另外一种假设，即在女性的这种被压抑的驱动力之上，将笼罩着过度谦卑的反应形式，如果是可以的，那么我们就会发现这样一种类型的女人存在：对于自己的丈夫，她们尽量避免提出任何要求，却接受他的一切。这种女人可能会抑郁，因为她的欲望没有实现，其形式往往又不固定，而且这种压抑还会得到报偿，于是更不会表达出来。对这样一个女人而言，抑郁所造成的伤害，比直接受到攻击还严重，因此说，她其实是无意识地从汤镬跳进火盆，而她的伴侣也是如此。她的生命活力将完全丧失，然后，她在生活中觉得很无助，并认为伴侣要为此负全责，就是说，她觉得自己的生活动力被那个男人夺走了——但实际上，这一切往往都是他长期压抑自己攻击行为的结果。你们可以看到此例中的这类女人就在控制着伴侣，却披着无助和孩子气的外衣。

至于女性童年时期的冲突是怎样妨碍她后来对男性的根本态度的，以上这些例子都已经显示出来。为了让我的论述看起来更简洁，我只是强调这些妨碍的一种，就是母亲身份的发展过程的妨碍。对我而言，这是至关重要的一点。

男性心理的某些特质是我马上要追踪考察的目标。分析观察这些问题，一个有很大启发意义的做法是追踪个人的发展路线。例如，它将启发我们思考：有的男人有意识地跟女人保持着一种积极关系，并对女人高度尊重，认为女人是同等人，此类男人内心深处对女人的不信任又是如何隐藏起来的呢？在他们儿童发展时期，他们对母亲的情感，必定与这种不信任有关，这关联是怎样的呢？可我却不愿意这样做，我更愿意在男性对女性的某些代表性态度上集中注意力，还愿意关注到：在不同的文化中，这些态度体现在他们与女性的性关系方面，不仅如此，它们在性以外的情境方面——比如男性一般是怎样评价女性的——体现得更频繁，问题是它们在不同文化中、不同历史时代是怎样出现的。

不妨从亚当和夏娃这样比较通用的例子开始吧。正如《旧约全书》的描绘，犹太文化完全是家长式的。这一事实体现在他们的那种宗教上，那是没有母系女神的宗教。在道德和风俗习惯方面——通过休妻的方式来解除婚姻，是丈夫的权力——也有体现。据该书所说，夏娃原本是亚当的肋骨，她生育孩子时要经历苦痛是受到诅咒的结果，这就部分地否定和贬低了女人的生育能力。还有女性的形象被确定成了使男性陷入悲惨的性诱惑者，因为夏娃诱惑亚当偷吃禁果被解释成了一种性诱惑。在亚当和夏娃的历史中，这两点都是男性偏见，而且，一个是出于憎恨，一个是出于焦虑。只有意识到犹太文化的上述背景，才能知道这是偏见。我相信，从最初到现在，两性关系的破坏者正是这两种因素。

接下来我们继续进行简要的观察分析。具有性吸引力的女人是男人唯一害怕的女人，他在强烈想要占有她的同时又必须束缚她。这一简单事实表明，性欲正是男性对女性恐惧最深根源所在。但是，即使有的文化存在恐吓和迫害年轻女性的现象，当女性变老成老人，却会受极大尊敬。一种很可能发生在原始文化中的事情是，老龄女人对部落事务的意见起着决定性作用。此等权力和威望也表现在亚洲民族文化中。另一方面，在原始部落中，禁忌要求限制整个性成熟时期的女性。在阿兰达人[1]部落，女性能够给男性的生殖器造成魔术式的影响：她们如果用一把草指着一个男性或扔向他，那个男人就会生病或者丧失整个生殖器，并走上自

① 阿兰达人，澳大利亚土著民族。——译注

杀的道路。女性先前对那些草的处理是冲着它们唱歌。在某个东非部落，妻子的呼吸会令丈夫的能力减弱，因此丈夫不能和她睡在一起。在一个南非部落，在打猎、打仗或钓鱼之前的二到五天内禁止男女性交，因为如果一个男性在沉睡时被一个女人爬过大腿，他将再也不会奔跑。更有甚者，在有的文化里，月经、怀孕和生孩子都是男性害怕的对象，月经期的女性要接受各种各样的禁忌，男性如果不想死，最好不要去碰这样的女人。

女性作为人类的神秘一种，能够与灵魂交流，而且，她们还有神奇的力量可以用来伤害男人。这一思想是以上一切现象的共同根基。为了保护自己，男人必须与这种力量对抗，但对抗方式是让女人服从。所以，孟加拉的米利族人为防止女人变得过于强壮，禁止女人吃老虎肉。东非的瓦塔维拉人生怕女人掌握统治权，不允许女人知道生火的方法。加利福尼亚的印第安人为了让女人屈从，举行专门的仪式，仪式中，女人会遭到一个魔鬼打扮的男人的恐吓。麦加的阿拉伯人为避免女人在行为上与统治者关系亲密，禁止女人参加宗教节日庆典。这样的风俗在中世纪也能找到：处女的礼拜仪式经常与焚烧巫婆的仪式安排在一起。残害以性诱惑男人的女人的同时，也举行对“纯洁”母性的崇拜仪式，所崇拜的纯洁母性被完全剥夺了性欲。但是巫婆可能跟魔鬼进行了某种沟通，因此人们的潜意识中还是可能存在那种焦虑。

今天，我们的攻击行为采取了更加人性化的方式，我们对女人的焚烧变得只是象征性的，公开的仇恨虽然尚未完全避免，但已出现一些明显的友好。然而，“犹太人无论如何都该被烧死”[①]。也有些判决仪式是神秘但友好的，女人与仪式涉及的许多美好事情有关，但是女人与男人不平等，这是上帝赐给她的自然状态，也正是她的不幸。麦比乌斯指出，虽然女人头脑不如男人头脑重（就是女人天生智力不如男人），但残酷无情地说出这一点就是不必要的了；女人跟男人没有什么不同，一点都不比男人低贱，这一点倒是可以强调。但女人还有一项不幸，那就是受到高度尊敬的人类品质或文化品质，女人不是享有得比较少就是根本不享有。一个相当精彩的传言是，女人最深的根源在于她自己，在于情感领域。但是，这样一来，公正性和客观性，就是她们做不到的了，所以在法律和政府及精神社区中的工作，她们无法胜任，据说家庭性爱领域的工作是她们唯一能从事的，这也是不幸。亚洲人已经直率地指出女人是次等人类，因为女人不能融入文化趋势：她们的精神事件与其内心作为一个人的存在，处处不能相容。唉！创造性和独立性的工作，即使是勤快而有价值的女人也无法胜任。女人不会有真正的成就，从中作梗的是月经和生育这样的灾难，它们是流血的、一团糟的。所以每个未能生为女人的男人，才会默默感谢上帝的创造，其虔诚的态度好像一个犹太人在做祈祷。

男性对母亲身份的态度这个问题，涉及太多东西，太过复杂了。人们一般倾向于认为这里面没有什么问题，很明显，敬重作

① 引自十八世纪德国作家、启蒙和理性观点的人道主义和发言者高邵德·艾夫莱姆·莱辛的《智者纳旦》一文。这一表达成了一种俗语，其意思是说无论他的行为如何有价值、意图如何的好，因为他是犹太人，所以就是有罪的。——原注

为母亲的女人这种事，就算是憎恶女人的人也愿意做，并且在某些条件下，对于女人的母性，人们也甘愿像上面提到的处女礼拜仪式上那样虔诚地加以崇拜。我们必须将下面两种态度区分开才能理解得更加清楚：男人对母性态度是第一种，另一种是男人对母亲身份的态度。就像在处女的礼拜仪式上一样，前一种态度的表现形式是最纯洁的；后一种态度，可在我们的古代母亲女神的象征主义中找到。诸如有教养、不自私、牺牲自我这些精神品质本来是属于女人的，只是它们体现为男性对母性一贯的赞同，因为，有这些品质的女人代表着一种理想的女人类型，而此类女人能够实现男人的所有期待和渴望。母亲女神是如同肥沃土壤一样的大地女神，新的生命在大地上诞生，并被抚养长大。若考虑男人对古代母亲女神的态度，其实男人所尊敬的只是最基本意义上的母亲角色，而不是精神上的母性。男人羡慕不已的正是女性的这种力量，就创造生命这一性质而言，它是一种自然力。这正是问题的根源。按照人类的本性，一个人不会一直欣赏自己不具有的能力，而是流露出气愤与忌恨。因此对男人而言，巨大的鼓励就是他在新生命的创造中所起到的微不足道的作用，男人力所能及的创造都是受了这种作用的激励。在我们的整个文化中，处处有男性的印迹：国家、宗教、艺术和科学的发明者基本都是男人。男人创造的这些价值，他们自己可能特别引以为豪。

然而，在我们的文化里也发生了在其他地方发生的事情。自然恩赐上的不足，即使我们取得了最大程度的满意和成就并得到升华也不能完全弥补，男人对女人的普遍憎恨因而才会残留至今。

我们这个年代也存在这种憎恨现象，那就是：在知识领域，当女人给男人造成威胁，男人则倾向于贬低怀孕和生育，对自己的性功能过分强调。这是一种怀疑性的防御策略。以上是科学理论领域在整个两性关系上的说法，在普遍性的性道德上，也有这种态度的表现，而且影响深远。法律并没有充分保护母亲身份，尤其是未婚者的母亲身份，唯一的例外是，俄国最近尝试做出了改变。在这种男性态度的发威之下，进而出现了相反的后果，就是男性强调女人要有足够的机会来满足男性的性需要，男人可以放纵性欲且不必承担责任，还有男人将女性贬低得只有纯粹的生理需要。

巴乔芬的调查告诉我们，最初——就是所谓的母系氏族制时代——占据主要地位的是女人，而男性文化并不像今天这样是首要的。那时，母亲是法律和风俗的中心。正如索福克勒借欧墨尼得斯所反映的观念一样，杀害母亲这种罪行是不可饶恕的。杀害父亲的罪过相比而言就不那么严重。男人的地位出现较小变化，成为政治、经济、法庭审判和性道德等领域中的主角，只是在有历史记载的时代开始的。在我们现在所处的阶段，女人似乎大胆地以斗争方式争取再次获得平等。至于它将持续多长时间，我们无从知道。

可能有人觉得我认为男性的霸权造成了一切灾难，但我不想被这样误解。事实上，男女间的关系可能在女性获得一定权势后得到改善。但我们必须自问，为权力而互相争斗对两性来说是必须的吗？不管是什么年代，只要其中一方已经占据了更大权势，那它所创造出来的那种意识形态，都将是有利于维持其地位的，而且它还会把弱势地位强加给弱势一方。这种意识形态对强弱双方差异的解释是：弱势一方是次等人，这差异是无法改变的基本需要，是上帝的意志，而且似乎还会发生一些事实来证明这些。对相应斗争存在的否认和掩盖，正是这种意识形态的一个功能。最近新提出了一个问题：两性之间确实存在斗争，可为什么人们很少意识到？答案之一就是这种意识形态的这一功能。男人将从事实的掩盖中获得好处，而在他们的反复强调下，女人也接受了服务男人的意识形态的理论。在这方面，弗洛伊德已经做了许多尝试，而在这里我们对这些合理化行为的接受、对意识形态之根本动力的检验只是步他的后尘。

我相信相比恐惧的起源，我关于憎恨的起源的阐述更为清晰。因此我要阐述一下恐惧的起源。我们已经看到，男性直接把女人当作发泄性欲的工具是出于对女性的恐惧——恐惧者是男人而不是女人。这个问题该怎样来理解呢？其实，这种恐惧最明白的一面已经在上述阿兰达部落的表现中显示出来了：他们相信女性所具有那种神奇力量，能够给男性生殖器带来影响。我们在精神分析中所指的阉割焦虑就是这种信念。若论起源，这种焦虑的形式可以追溯到内疚的情感，以及产生于童年期的恐惧心理基因。以下事实揭示了这种焦虑形式的解剖— 心理学核心：男人只有将自己的生殖器送入女人身体内，并献上自己的精液，才能完成性交过程；而男人的解释是，男人如此作为是表明男人的生命活力不如女人。与此类似的情况是，女人可以让男人变得软弱，一个证据就是男人性交后阴茎疲软下来。这很容易引出这样一个观点：

更强烈、更直接与死亡恐惧有关的极可能是与母亲的关系，而非与父亲的关系。尽管这个观点还没完全发挥作用，但精神分析学和民族学方面的资料已经证实确实如此。

让我们尝试来理解对死亡的渴望为什么是与母亲重聚的渴望。在非洲神话故事中，世间的死亡是女人带来的。母亲女神虽然伟大，死亡和毁灭却随她而至。这种观念与我们拥有的“可赐生与你者，亦能消灭你”观念何其相似。此外，男人对女人的恐惧还有第三个方面，这一方面理解和证明起来更难，非要证明，可以观察动物世界的某些周期性现象。我们有许多机会看到，雄性动物为了吸引雌性动物，经常发出某些独特的刺激物。在交配季节雄性动物会俘获雌性，因为它们有独特的工具。如果雌性动物的性欲和雄性动物一样强烈或频繁，这将是一种超乎想象的设计。但我们实际看到的是雌性动物会在受精完成之后撇开雄性，而且不带任何附加条件。这种情况下我们可以问，男性对女性的性依赖是不是在很大程度上超过女性对男性的性依赖？考虑到女性身上的部分力比多关乎生殖过程，女人对男人的依赖是不是男人特别感兴趣的？这么问没有什么不可以的，尽管在人类身上应用动物的例子时需要特别小心。

这些因素作为心理基因的一种性质，更与男性有密切关系，因此，男女之间权力大战的起源似乎就是这些因素。

我们在前面已经提问，为什么我们能够更清楚地看到两性间的爱，而不是两性之恨？现在有另外一个答案了：性结合使我们最大可能地拥有幸福。爱这种东西被说成是有许多方面的。在各自孤独的两岸之间，正是爱成功地架起了桥梁。建造这些桥梁的目的不是希望它们永远坚固；尽管它们有可能十分美丽，但只要承受的负担超重，它们往往会坍塌。至于这种强大的破坏性力量是如何一直阻碍我们获得幸福的，我们不愿去发现。有这种倾向是很自然的。

在分析性洞察能力的帮助下，两性间的不信任是怎样减少的？这是我们最后可以问的问题，但还没有统一的回答。恐惧于情感力量，恐惧于难以控制恋爱关系中的情感，是完全可以理解的正常现象，却没有办法缓和。这些恐惧所引起的投降与自我保留的冲突，人与人之间的对立，也是如此。源自童年冲突的不信任——至今没有解决——的准备状态，本质上也是如此。然而，这些童年冲突可能会出现极大波动，并且，经过多种多样的尝试会留下不同的烙印。我们对精神分析法在未来的功用的期望是：在个体性的案例中，个体与异性的关系和童年的心理条件都能因它得到改善，过分的冲突也不会发生。精神分析法的某种重要功能，或许可以通过揭示权力的重要斗争的真正动机来实现；动机不会因为这种揭示而消失，但这种揭示不会再把这动机当作表面问题，而是能够帮助它创造良好机会，让个体在这动机之下起来战斗。

七　关于婚姻

如果一桩婚姻里的双方，对对方潜能的发展都没有抑制作用，家庭里不会出现什么“善意的冷漠”，因为不会有潜在的对立和紧张，双方的关系会一直十分融洽——这样的婚姻就是我要说的好婚姻。为什么生活中这么缺少好婚姻呢？难道是因为婚姻制度偏离或违背了人类生活中的某些本质吗？好婚姻难道只是一种错觉，马上就将消失了？或者说，现代人太擅长婚姻关系的经营了（以至于所有婚姻都是好的因而看不出来是有问题的[①]）？当我们承认并谴责婚姻是失败的，这失败指的是婚姻，还是仅指我们自己？婚姻是爱情的坟墓，为什么总是这么说？难道这是一种必然的情况，我们必须服从的吗，就像服从强制性的法律一样？或者，我们是不是应该服从于我们自身内部的力量？无论这种力量本身和它的影响怎么变化，人们却可以觉察甚至避免它，可它给我们造成的破坏，居然如此严重！

单从婚姻的表面来看，它好像是一个十分简单却无奈至极的问题。长时间跟同一个人生活在一起，需要做各种琐碎的事，类似这样的事情，一般都会使夫妻关系——尤其是性关系——变得

① 括号内内容为译者所加，作者想要表达的就是这个意思。——译注

没有情趣、令人厌倦，不可避免地，双方关系越来越冷淡，直至对彼此熟视无睹。关于这种不良关系的改善，凡·德威尔德有建设性的意见，详见他专门为人们写的一部书，但是，他在书中将这种问题的处理当成一种症状，而不是一种疾病。这是凡·德威尔德的一个失误，而且，他还有一种只涉及婚姻表象的观点，就是认为婚姻之所以没有激情和光彩，是因为单调的、没有趣味的长年生活。

要察觉到导致婚姻问题的潜在力量，其实并不是什么难事，只不过，一旦开始了深入的探索，人们就会产生一些不舒服的感觉。不纯粹是对平日琐碎之事的疲劳,而是由于破坏性的潜在力量，使婚姻变得空虚，即婚姻的基础被破坏了。这种力量是逐渐发挥作用的，而且是秘密进行的；说得更形象一些，它只不过是一颗种子，而其肥厚土壤则是失望、不信任、敌视和憎恶。这些是人们可以自己认识到的，不必非要接受弗洛伊德教导。可是，正视这种力量，却是我们不愿做的事，当这种力量不在我们自身内部的时候，我们就觉得它是神秘的，于是尤其不愿意正视。令人不快的要求就暗含在我们先前对这些力量的肤浅认识中。我们只有对这种认识进行深入研究和考察，才能实现从心理学角度分析这种婚姻问题的愿望。心理学不可避免地要认识的一个基本问题是：对伴侣的厌倦从何而来。这是从上述婚姻问题中引出的问题。

首先要说到的几个原因有着共同的性质，就是它们几乎是不值一提的，因为太常见了。而且，人类自身的许多已知缺点是它们的根源所在。针对这些缺点有几个假设:《圣经》里说，我们全部有罪;马克·吐温说,我们全部是半个疯子;一种更开明的说法是,我们全部有神经症。对这些假设,我们都表示赞同,却不把自己包括在“全部”之内。在决定要不要结婚时,每个人都要有所思量,可没有人听到过这样的理由:我在将来发展出来的特质,会有一些是令人不快的。共同的亲密生活如果维持很长时间,就必定会暴露夫妻双方的缺点。一开始,这些缺点可能并不明显,但迟早会突显出来,只是时间的问题。对一位总是幻想着能够独立自主的丈夫来说,妻子的感情,既是一种必需也是一种束缚,于是,他可能会品尝到一种潜在的痛苦。而妻子呢,如果她觉察到了丈夫的这种压抑情感,就可能体会到一种潜在的焦虑,并对丈夫提出更高要求,这种本能的基础就是那种焦虑,还有害怕失去丈夫的情感。更进一步,丈夫更加敏感于妻子的表现,防御性越来越强。婚姻关系的堤坝最终将崩溃,但是,潜藏在这里面的原因,双方是不清楚的;而且,这种决堤的导火索,可能是一件不起眼的小事。任何相对婚姻而言的短暂关系,比如在出卖肉体、偷情、友谊或恋爱等基础上建立起来的关系,在性质上也比婚姻更简单,因为,避免摩擦与化解不快在这些关系中要来得更容易。

只有在形势要求绝对必须尽力时,人才会想要尽力,这是另一个普遍存在于人类当中的缺点,国内国外的人都是如此。工作已有终生保障的公务员,由于其稳定工作无论如何都没有失业的危险,他在工作时一般不会拼尽全力;技术人员甚或工人,必须为自己的事业拼搏和竞争不止,但公务员不必那样。婚约也有这样的特权,就是说,有法律保护着它们;或者,即使根本没有法律的保护，普遍认同的社会规范也会维护它们。但是，我们如果从心理学的观点来看，不难发现，婚姻并不像公务员那样一辈子不会被辞退且非常稳定，而是完全相反：互相合作，即享受对方扶持的权利、彼此相伴一生、忠诚于对方，甚至共同来完成性生活，这些对婚姻关系来说是一个巨大的包袱。而危险就蕴含在这大包袱中，随时可能激发出来。良好的婚姻需要一点点经营起来，我们大多数人——甚至全部——不知道我们被赐予爱情这个礼物时还承担了这个义务，这是因为，我们所接受的关于婚姻的教育几乎为零。目前已经确认，从法律到幸福，中间有一道鸿沟，而目前的填补办法只有一种，它主张我们改变自己的个人态度，使之倾向于放弃对伴侣的内在要求。需要指明，我这里的“要求”不是愿望，而是需要。这些困难在形成良好婚姻关系方面是普遍会遇到的。除此之外，还有一些困难更具特殊性，就是在不同的婚姻中，它们出现的频率、性质和强度都有所不同，这源于个体的差异性。同时，爱情遭到许多干预，而且这些障碍永远持续着，结果开始产生怨恨。一一列举并描述这些障碍意义并不大，更简单而明了的做法或许应该是，着重留意其中一些障碍，并加以描述。

如果我们所选择的伴侣，不是“正确”的那个，那么，婚姻的失败可能在最初就是注定了的。然而，我们往往会选择不合适的人作为自己的终身伴侣，这一现象又当如何解释呢？是因为我们没有意识到自己的需要吗？因为不太了解对方吗？还是只是由于被爱才做出了冲动的选择？问题究竟出在哪里？在这一现象中，这些因素可能都起到一定的作用。但是，千万不能忘记，一个自愿做出的择偶成婚决定，一般不会总是错的，至少对我个人来说是这样。伴侣所具有的某些品质，可能正是我们最初所希望的，而且在婚姻生活中——尽管实际上只体现在婚姻关系中——真正帮助我们实现个人愿望的，正是这些品质。但是，婚姻关系的维持肯定还是会受到下面一种因素的妨碍：自我中的其他成分，丝毫不为上面那些品质和帮助所动，而且，双方的自我没有相似成分。所以，只为满足一个条件而做出决策，对个体而言是一个根本的错误。这种唯一的渴望，在所有渴望中占据着显要位置并遮盖住了其他一切，它或者是一种单一冲动，或者是一种内在强制性。例如，当一个男人见到其他男人正在追求某个女人，他可能产生将这个女人作为自己女友的念头，并成为一种不可遏制的渴望。可是，当这个男人一个一个战胜了情敌，这个女人对他的吸引力会逐渐下降，若要再度重燃，除非是他无意识臆想新情敌出现。因此，那种渴望对爱情来说是非常不幸的。还有一种情况，由于我们隐秘而强烈的需求——比如在经济、社会或精神上被认可——能够在伴侣那里得到承诺和兑现，那么伴侣看起来就是有魅力的。做出那个选择的情形还有，我们的某个幼稚愿望仍然具有决定性的影响力。我在这方面想到了一个年轻人，他非常有才华，年纪轻轻就取得了很大成功，但他渴望自己的伴侣像他的母亲，因为他母亲在他四岁时去世了。他最终选择的结婚对象，就是比他大且已经生过两个孩子的寡妇。她体态丰满很有母性，但是，若论智商和性格，这个年轻人都超过了她。还有一个案例是关于某个女人的，不妨来看看她的情况。她深爱着她的父亲，十七岁的时候她嫁给一个比她大三十岁，且无论生理上还是心理上都酷似其父亲的男人。男人给她带来了许多年的幸福，尽管他们两人没有发生任何性关系，多年以后，她不再有那种孩子般的愿望，于是幸福也消失了。她意识到了自己婚姻生活中的极大孤独，因为，即使这个男人身上的许多品质是有魅力的，但他对她已经不再重要了。

我们从以上所有——事实上不计其数的案例所看到的，只是过多的空虚、过多的渴望不被满足。失望在最初的满足之后产生。除非我们拥有一种罕见的天赋，即能够接受这种有局限的婚姻关系，因而觉得引领我们找到幸福的其他通道可能不会被这种关系堵住，那么，我们的厌恶正源于这种失望，尽管两者不是一回事。人的本性决定，任何人或力量如果威胁我们，使我们不能为重要目标而奋斗，我们内心深处就会产生愤怒。而且，就算我们文明程度再高，我们控制自己本能的能力很强，这种愤怒实际上都是不断增加的。它必将在我们没有意识到它的时候溜进我们的意识，并极其活跃，尽管我们还是不会过多关注。因而，我们更加挑剔、焦躁或冷漠的态度变化，有时会被伴侣知觉到。

另外还有一种给婚姻带来危险的原因。不是我们越来越苛刻地要求对方的爱，而是对方挑起的冲突。引起这冲突的，是其内心自相矛盾的期望。自身内部的这种矛盾，会威胁到我们的人格和生命。这是我们发自本能的感觉，而不是没有原因的。因此，我们一般会觉得实际生活中的自我不怎么统一，相比之下更统一的，是奋斗中的自我。当一个个体情感的平衡被打破，他将更加明显地表现出这些矛盾。然而，我们不能跑题，即不能据此画出一条明确的情感平衡的分界线，以解决矛盾的问题。在事情本质之内就有这些矛盾，而且，它们更容易、更强烈表现出来的领域，是性的领域。为什么守旧的人最容易在性爱基础上做着自相矛盾的梦，原因就在这里。不用怀疑，在婚姻关系中也会出现这些不断变化的期望。

我又想起一个案例，它尤其具有典型性。案例中的夫妻是真实存在的，是“恋母式”婚姻匹配的真正体现。男子性情温和，有依赖性，而且有女性气质；女子比他有活力，比他更有才能，属于慈母型。但是，和其他大多数男人一样，这个男子有着自相矛盾的愿望，就是说，一个女人是随性的、轻佻的、严苛的，总之有他妻子所没有的一切特征，对他同样有吸引力。他们的婚姻之所以崩溃，正是由于他愿望里的这种双重性。

还有一些男子是很值得注意的，他们所选择的妻子，在种族、相貌、兴趣和社会地位等背景上与自己相反，但他们跟家人的关系仍可以保持得很紧密。然而，虽然无意识，但他们同时是厌恶这些差异的，另寻新的伴侣时看重与自己更相似的类型就是证明。

还有一些一直特别渴望出类拔萃的女性，但是，在实现充满野心的梦想方面，她们缺少勇气，反倒指望她们的丈夫，希望自己的这些愿望通过丈夫实现。而且，她们认为，特别有成就、超出常人、颇有名气和令人羡慕这些优点，都理应是自己的丈夫所拥有的。事实上，当丈夫实现了她们的所有梦想时，她们当中当然也有一些人感到满足。但还有一种情况同样会发生，就是她们渴望自己也能享受权利，可自己却活在丈夫的阴影之下，于是在自己的丈夫替她们实现愿望时，她们又觉得无法忍受。

因而，女性化、温柔体贴、身体瘦弱的男性成了某些女性的选择对象。而且，尽管这些女子总是意识不到，但通常激发她们做这种选择的因素，确实是她们自身的阿尼姆斯。然而，在遇到强壮、果敢的男性时，她们渴望能够发挥自己的力量，以求控制住他们；对于无力实现其诸多愿望的丈夫，她们则抱以责怪的态度，私下里还会嘲笑他们的软弱。

这种冲突可能会以各种不同的方式使人们厌恶自己的配偶（女性厌恶丈夫）。如果他没有能力满足自己的最基本需要，我们可能会责怪他，并自然而然地彻底贬低他真正的天赋。那无法得到的一切，于是都变成了一个迷人的目标，而且会越来越迷人，从一开始它们就是我们“真正”渴望的。另一方面，就算他真的满足了我们的愿望，我们也会责怪他，因为已有事实表明，这种满足违背了我们的内在追求。

有一个事实隐藏在以上所有反思的背后，那就是，对两个异性个体而言，婚姻关系也是一种性关系。互相憎恨的最深层根源，就隐含在这一事实中，当这种性关系受到干扰时，其中一方可能会感觉到它。从表面上看，似乎只是特定伴侣给婚姻关系带来了许多不幸，因而，人们容易相信要避免这种不幸只需选择一个与之不同的伴侣。但是，很可能正是我们心里对异性的态度决定着婚姻关系的质量，可我们实际上有忽视这一事实的倾向，而且我们一定会以相似的方式表现出这种态度。更换婚姻伴侣并没有用。

也就是说，正是我们自身发展的因素给我们的婚姻带来了所有困难。事情通常就是这样的，或者更恰当地说，事情总是这样的。无数历史事件的广阔背景，以及特定婚姻领域斗争的背景，都是两性之间的斗争。尽管我们更偏向于相信后来的各种不良经验是两性之间潜在不信任的起源，但我们一次又一次地发现，后者并不表现为前者——早期儿童时代的经验才是这些不信任的起源。尽管我们意识不到以下联系，但那往往是事实：在青春期和青春后期之前养成的态度，会给这期间出现的经验带来限制。

我需要补充一些东西来方便更好地理解这些观点。爱和性欲第一次出现的时间，不是青春期；儿童具备感觉、渴望和要求的能力，最早是学龄前。这种观点得益于弗洛伊德，它是根本性的，也可能是永远不可推翻的。幼儿体验到这些感觉的强度，可能跟我们成年人很不相同，因为他们的精神依然是完整的，还没有遭到禁止。或许，我们不必觉得弗洛伊德的那个争议较大的俄狄浦斯情结假设是独特和奇怪的，它是每个儿童都必定要经历的一个发展阶段。当然，这要求我们理解并接受以上显而易见的基本事实，就像所有动物都受异性相吸的伟大法则支配一样。

挫折、失望、被拒绝、无益的嫉妒等消极情感，还有被骗、被罚和被恐吓等情感，幼儿一般都会在早期的经历中体验到。个体会一直保留着这些经历的一些痕迹，而且，在未来的日子里，他与异性的关系也会受这些痕迹的影响。个体的这些痕迹总是在变化着，但它们在丰富多样的两性态度上的存在模式，却是清晰可辨的。

男性早期形成的与母亲的关系的残留，后来会给男性带来影响，我们可以经常看到这些影响。首先，如果面对的女性比较可怕，他们就会表现出行为上的退缩。这是因为，照顾孩子的一般都是母亲；最早的温暖、关爱和温柔，甚至还有最早的禁止，这些经历或感受都是母亲带给我们的。看起来，人们很难完全摆脱这些早期经历。几乎每个男人都保留着早期经验的痕迹，这是我们经常会有的一种感觉；当我们看到某个男人分外高兴——无论他高兴建立的基础是运动、娱乐、科学甚至战争——地摆脱了男人群体时，尤其会有这种感觉。同时，他的解脱感看起来如同是一个学生摆脱了监禁的限制！这种态度最清晰地重新呈现出来的地方，自然是他与妻子的关系，而且，相比其他女性，他的妻子对他母亲的代替，可能更有注定的意味。

男性的第二个特征是，对母亲有一种依赖性的情感，而且这情感一直没有得到解决。在他的头脑中，女性等于圣人。对处女的崇拜，通过这种思想形式被推崇到了最高位置。但是，体面的、值得敬重的女人，也许性欲上有缺欠；对她产生性渴望，无异于羞辱她——在极端的情形下，崇拜者也会有这样信念。因此说，这种思想在日常生活中可能有一些好的方面，但也有与之对立的即非常危险的方面。深入解析这种信念就发现，与这样一个女人经历完美性爱，是深爱她的男人所不能期待的，他要得到性满足，只能寻求相对卑贱的女人，比如妓女。说得更明白一些，对于自己的妻子，这样的男人多少会有些放不开；她可能无法勾起他的性欲，尽管他爱并赞赏她。一些察觉到丈夫有这种态度的妻子，特别是性冷淡者，可能不会拒绝，但双方必将互相感到不满，只是有的挑明了，有的藏着不说。

第三个特征也可以在此提出来了。我觉得，男性对女性态度的一个态度，即对无法满足女性和女人提出的一般要求尤其是性要求的害怕，似乎就体现在这第三个特征上。这种害怕的根源，在某种程度上说是这样一些生物学事实：包括性冷淡者在内的女性，都可以无条件地性交、怀孕和生孩子，而男性必须反复先在女性面前证明自己，才能做这些事。从本体论的观点来看，男性甚至在儿童时期就已经产生这种害怕了。会不会有人嘲笑他将来的男性气质，这正是一个小男孩意识到自己将成为男人时所害怕的,而当他单纯地追求女性时,对他的嘲笑必将严重挫败其自信心。虽然我们倾向于承认这种不安全感，但它出现的频繁程度远远超过了这种承认倾向。在男性气质是一种价值观这种思想上的过度强调背后，往往就隐藏着这种不安全感，但是，如果在男女关系中有了自信，就可以消除它们。在婚姻关系中，男性会一直高度敏感于妻子为其带来的任何挫折，以下事项基本上等于严重贬低一个有不安全感丈夫的男子汉气质的自信心：他无法独占其妻子；他已做到最好，却感觉不够；他不能满足妻子的性欲。出于本能，这种被侮辱感反过来将激发另一种愿望，即丈夫通过破坏妻子的自信来羞辱妻子。

把男性身上的一些典型特征呈现出来，是我选择这几个例子的主要目的。或许有了这些例子，以下事实就足够明显了：人们可能在童年时代就已经学会了成年时对异性的某些态度，而且必定会表现在后来的关系中，特别是婚姻关系，并且，配偶的人格并不是这些态度所依赖的。夫妻关系给丈夫带来的不舒服感，因这些态度而产生，而且，在男性的发展过程中，它们越少被克服，丈夫越不舒服。人们通常意识不到这种感觉的存在及其来源。这些感觉会引发丈夫各种各样的反应，具体反应有：公开最初掩藏起来的怨恨；为得到解脱而诉诸工作，诉诸男人或其他女人[①]的陪伴。进而，这些反应有可能使婚姻关系中出现紧张和冲突。好的或不好的婚姻关系纽带都是牢固的，我们将频繁地看到对这一点的证明，但是，丈夫更大的放松、满意和幸福可能经常是从他与妻子之外的女人的关系中得来的。

妻子身上可能有多个因素会给婚姻带来麻烦，而我只想提其中的性冷淡因素。性冷淡这种现象，形成于女人的性格形成期，无法给它定性。它的内在性可能是重要的，也可能是无可争议的，但无论如何，它已被证明确实阻碍着男女之间的关系。虽然不同个体有极不相同的性冷淡表现，但是，对男性的拒绝是其总体表现。被拒绝的对象，或者是某个具体的男性，或者是一般男性的性欲。我认为，关于性冷淡发生频率的一些统计数据都不怎么可靠，况且，这些数据本身就显示出了极大差异。不可靠的原因有两个，一个是统计方法不能表达感觉的性质，一个是我们很难估计以这样那样的自欺方式想象自己性爱享受能力的女人有多少。从我的经验来说，我愿意做出这样一种假设：我们直接从女性口中得到的低

① 和这些女人在一起，他没有必须要尽各种义务的感觉，因而不害怕她们提什么要求。——原注

程度性冷淡的发生频率，可能远比实际上的发生频率低。

我所说的性冷淡终归表明了女性对男性的拒绝，这拒绝不等于明显的敌意。无论肢体、穿着还是行为，性冷淡的女性可能都是女性化的。人们可能从她们那里得到全部“适合一个人的爱”[①]的感觉，但我用这个短语所指的东西，是更深层次上的，即真爱的无能和向男人投降的无能。这些女性更倾向于走自己的路，反正要把男人赶走，为此还可能使用嫉妒、要求苛刻、表现得无趣和絮叨等手段。

问题在于这种态度产生的原因和过程。首先，有人会倾向于说，由于我们过去和现在用错误的方法养育着女孩子，才会有这种态度；她们看男性的眼光之所以会不正常，可能是迫于性禁止，也可能是由于与男性的隔离，结果，这些女孩呈现出来的形象，或者是一位英雄，或者就是一个怪物。但是，已有证据表明这是一种过于肤浅的观点，其实，我们自己反思也能想到。已经明确的事实是，女性性冷淡者的数目不会随着教育女孩严格程度的增加而增长。而且，我们发现，禁止和威胁的方法不会在本质上改变人类的本性，人的基本特征是固定不变的。

焦虑是以上分析中可能存在的另一个因素。这焦虑太过强大了，以至于吓得我们感受不到重要欲望和需求的满足。我们只有认真观察小女孩本能内驱力的典型发展过程，才能了解焦虑的起源和发展，并尽量最后得到遗传学上的理解。我们可以看到，对小女孩来说，女性角色中有许多看起来十分危险以至于该角色遭

① 引自莫瑞尼·迪特瑞奇的著名歌曲《只有一个人的爱》。——原注

到讨厌。人们在看到早期童年时期的典型恐惧时，在看到这恐惧显著的象征含义时，很容易对潜藏在它们背后的真正意义进行一些猜想。对盗贼、蛇、野生动物、雷雨的恐惧，意义可能就在于这恐惧的对象其实是一种强大力量。该力量能够征服人类，有穿透力和破坏性。除此之外还有一些恐惧，它们关系到女性早期对母亲身份的本能预感。对于这种神秘而恐怖的事件，一方面，小女孩想到将来要经历它，就有点害怕；另一方面又唯恐没有经历它们的机会。

找到或想象出一个男性角色并成为他，是小女孩逃离这些沮丧感受的一种比较典型的方法。十到十四岁间的女孩在某些方面多少是独特的，人们很容易看出这些方面，但当她即将进入青春期，或者就在青春期内，她就不再顽皮地吵闹，开始像一位女性了。然而，在这表面之下，有可能一直潜藏着一些强大的其他渴望，而且这些渴望具有干扰性。追权夺利的野心，持续憎恨强于她的男性，总是倾向于与男性争斗，这些就是这些渴望起作用的方式。最后，一个男人能够带给她的性满足，可能会由于她变着法地操控性爱的行为而被抑制，甚或完全得不到。

关于性冷淡的发展史这个描述，可能显得太过简单了，但如果我们能够理解它就会更明白一点：把婚姻视作一个整体就能够轻易看出性冷淡起源的背景，看出妻子对丈夫的整个态度中，妻子是怎样通过性冷淡表达自我。性冷淡症状本身不过是快乐的一种[①]，因此，这背景和表达方式相比性冷淡症状都更重要。

① 尽管是不正常的或变态的快乐。——译注

女性有许多功能，成为母亲只是其中之一，但如果发展不顺，就可能破坏了这种功能。这种身体与情感的困扰，可能有多种表达方式，这多样性却不是我打算讨论的。我只想集中讨论这样一个问题：孩子的出世，是不是意味着一种大体良好的婚姻将开始有大麻烦？即孩子对婚姻的作用，是巩固还是破坏？人们可以频繁地听到后一种问法，而且，其提问方式是不必怀疑的。然而，这种提法是很一般化的，而且，不同个体婚姻的内部结构决定这个问题将有不同的答案，因此，这么问是白问。我必须给出一种更加具体的提法：假设一桩婚姻至今是非常好的，孩子的到来会不会破坏它？

从生物学角度来看，这似乎是一个自相矛盾的结果，但是，在某些心理条件下，确实可以得到这样的结果。例如，假设有一个男性对他的母亲有强烈的无意识依恋，那么，当他妻子生孩子以后，他的态度就可能逐步由妻子向母亲转变，于是，与“母亲”发生性关系，对他来说就成了不可能的事。而且，妻子原来的美丽，在怀孕、分娩和哺乳之后都消失了，也就是说，这种合理化了的思想能够巩固上述态度转变，防止被还原。我们的某些情感或压抑原本藏在内心深处，即便来到生活层面，也无法理解，但是，通过这些合理化思想的作用，我们往往能够理解它们了。

在一个案例中，孩子集中体现了母亲所有符合女性特质的愿望。这种母亲作为女性的发展过程出现了某些扭曲，于是，她对成年的男子爱只表现为对孩子的爱；她的丈夫不过是孩子的象征，而且，丈夫有责任给她这个孩子。如果真的有一个孩子，她将觉得不必再有丈夫，丈夫也不必再提什么要求，否则，她甚至会生气。

因此可以说，在某些心理条件下，夫妻疏远或讨厌对方的根源，确实有可能就在于孩子。

我想，有了这一基础，就可以做个总结。当然，也可能有其他冲突，比如潜在同性恋者引发的冲突，可是，我目前还没有接触到它们。大体说来，通过从上述深刻的心理分析中得出的观点就足够了，再怎么充分地理解它，也不会有任何增益。

考虑到这些，我要列举出我的出发点。我们往往认为，如果婚姻关系迸出了破裂的火花，或者有第三者插足，并且婚姻最后确实破裂了，那就要归咎于这一发展中的某一个特定事件。该事件属于一个恶化过程，一般隐藏在我们背后，但它会一步步演变成对配偶的厌恶。配偶那招人讨厌的特质与这种厌恶的根源有关，而且，我们认为这种关系很弱，实则却很强，其强度还远远超过婚姻中的各种冲突之间的关系。那些冲突是由于我们自身发展而带来的，至今悬而未决。

所以，提醒对方在婚姻中的相关义务，或警告放弃某些东西，无助于解决婚姻问题；建议发挥本能的无限自由，更是不可能解决。如今，对我们来说，警告与威胁已经没有什么意义，后一种建议也不能增进幸福。有许多因素使我们厌恶配偶，我们可以避免、缓和、克服的因素分别有哪些？这才是问题所在，至少在一定程度上，我们可以避免出现在婚姻发展过程中的混乱与不平衡。坦白说，双方在结婚前的感情达到了怎样的稳定程度，决定了他们是否会结婚。有许多貌似无法避免的困难，比如说，可能是出于人的本性，我们常常希望自己的需要得到满足，却又想像接收礼物一样，只被满足而不必经过什么努力。如果婚姻中的两性什么焦虑感也没有，那么，彼此之间的内在良好关系可能就只是一个理想，总是无法实现。还有，对于内心的某些自相矛盾的愿望，我们必须学会接受，将其看成是我们的一部分本性，进而认识到它们不可能在婚姻关系中全部得到满足。另一方面，在时间的长河中，我们关于放弃的态度会发生一些变化：比起我们的前一代人，我们将要求放弃更多的本能，对于这种趋势，我们自己害怕至极。与其他任何关系一样，找到最佳的结合也是婚姻关系的最理想目标，即在过去与现在之间、在自由与驱力的限制之间找到这种结合。然而，我们没有在配偶的实际缺陷之下被迫做出基本的放弃，但正是这些坚持真正给婚姻造成威胁。说到底，超出对方本性允许范围之外的东西，他也不可能带给我们，于是我们才会原谅他；而或明示或暗示的其他要求，都能轻易破坏婚姻，因此我们必须要放弃它们。我们如果想要寻找一种不同的方式来满足我们自身内部的其他驱力——当然，这驱力不仅指未得到满足的、要诉诸配偶的性驱力——就必须要放弃那些要求。换言之，我们必须打开我们的思路，必须对一夫一妻制这个社会标准进行认真反思，对其起源、价值和危险性重新加以审视。

八　畏惧女性

对男女在异性恐惧方面具体差异的观察

席勒的民歌《跳进水里的人》所讲述的故事，一开始就用一个高脚玻璃杯象征一位女子，而律师为了博得她的芳心，跳进了危险的漩涡中。关于漩涡深处的危险以及自己必将被吞噬的感受，律师有这样的描述：

漩涡翻滚成黑色的浪，却不闻声响，
蔚蓝的大海上，泛着白色的泡沫，
仿佛在黑夜出现了一条弯路，地狱是它的方向，
终于，永不休止的混乱也短暂停歇下来。
一圈圈的海浪转成越来越深的漩涡，
如同霹雳一击，峡谷在山石间速成！
飞舞的浪花，像欢乐的白玫瑰一样，死亡已在天空和空气中降临！
上天的仁慈不能保证人在下面久行，
在那里能够永远听到的声音，只有恐惧！
在恐惧和黑夜织成的面纱下，他总是低着头！

置身绝壁之下，只看到一片朦胧，
它是炽热的、紫色的，却看不到一条出路！
可怖的寂寞与无聊塞满了双耳，
更逼进了双眼！
那深处的，是像蛇又像龙的火蜥蜴吗？
而幽禁无情的海浪，包围着它们。

《威尔赫姆·特尔》里的渔童歌声表达了同样的思想，不过情感更加愉快：

清澈的湖水在微笑，
谁要在它深处游泳，它都会许可，
它绿色的岸上，睡着一个男孩，
一首轻快柔和的曲子传入他的耳朵，
甜美得如同是从天而降的天使之歌。
他醒了，心里有些激昂，
一声低沉的声音从他身下的湖水深处传来：
“我已为这个牧童着迷，
他必须跟我走，
我要引诱他来到我这里。”

男性合理地展现暴力，从不会感到疲惫。这种展现使男人满足于有女性吸引着他的感觉。男人会走向死亡和毁灭，可能就是这种渴望在作怪，同时也有害怕女性的因素。海涅关于洛雷莱[①] 的传奇有一首诗，我现在特别想提起它：洛雷莱在莱茵河的高崖上坐着，许多路过的船夫都受其美貌诱惑。该诗动人地描述了男性对女性的恐惧。在这里，吞噬了受女性魅惑的男人的东西还是水。就像其他“因素”一样，水这个因素也主要代表“女人”。尤利西斯面对洛雷莱时，也只好命令船员把他绑在桅杆上，以防他被引诱过去而遭遇危险。

几乎没有人能够解开斯芬克斯的谜题，大多数尝试者都已丧命。在一个神话故事里，国王有一个漂亮女儿，而未婚者都无所畏惧地尝试解开她身上的秘密，结果他们的头颅成了皇宫的装饰。卡莉女神[②] 杀死男人，并在尸体上跳舞。[③] 大力士强大得战无不胜，其力量却被达丽拉夺走了。[④] 朱迪斯与赫雷弗勒斯交欢之后，斩下了他的脑袋。[⑤] 圣徒约翰的脑袋提在战马上的塞勒姆的手里。男牧师认为女巫身体的活动像魔鬼一般，于是烧死了女巫。每个拜倒在韦迪坎德裙下的男人，都被其“东方精神”祸害了，但她这样做只是出于本性，不能证明她十分邪恶。此类例子还有很多，无

---

① 洛雷莱，长年住在莱茵河悬崖上的一位女神，她是绝世美人，喜欢在月光下抚琴唱歌魅惑船夫，船夫中招后就魂不守舍最后掉入河里。痴情的阿拉涩多亲王经过此处，迷上了洛雷莱，并最终打动了她。——译注

② 卡莉女神，印度神话中最黑暗和最凶暴的黑色地母。——译注

③ 参见达理 1927 的文章《印度神话与阉割情结》中的描述。——原注

④ 该大力士指希伯来英雄参孙。腓力斯人对参孙使用了美人（达丽拉）计，参孙就泄露了自己战无不胜的力量的秘密，结果，腓力斯人打败并杀死了他。见《圣经・旧约・士师记》第十三章至第十六章。——译注

⑤ 朱迪斯，以色列的一位女英雄。详见《伪经》及天主教核定英译本《圣经》中一篇《朱迪斯记》。——原注

法一一列举出来。男人克服对女性恐惧的办法一般是否认这种恐惧:“并非我怕她，而是她太过邪恶了。她代表着凶残，有犯下一切罪行的能力。她的欲望是个无底洞，她是个食肉狂，是个吸血鬼，是个巫婆。”一个是对女人的渴望，一个是对女人的恐惧，两者之间的冲突永远不会停止，而且男人的兴趣倾向于创造性的工作，其主要根源正在于这种冲突。①

性成熟期的女性会在经期出血，按比较原始的观点来看是一种凶兆。谁不想活了,就可以在女性月经期间接触她们,②那样一来，男人的力量将丧失，牧草将枯萎，渔夫和猎人将一无所获。正如弗洛伊德在《童贞的禁忌》③ 中所指出的,男人,特别是已婚的男人,都害怕奸污处女，因为那样意味着遇到危险的可能性会达到最高。弗洛伊德在自己的著述中使这种焦虑变得客观，并指出，如果女性（失身时）表现出了男性所具有的阉割自己的冲动，男性就会感到满足。可是这没有充分解释禁忌现象。其中原因主要有以下两个：首先，处女失身时的反应并不都是这样，即不都表现为明显的阉割冲动，可能只有阿尼姆斯情结在其身上强烈发展的女人才会有这些冲动；其次，男人觉得首次强行插入阴道这种行为是非常危险的，如果女性失身必然会唤醒其身体的破坏性冲动，那

---

① 塞齐斯在其著作《共同的异想天开》（国际精神分析出版社）中主张，艺术创造的冲动，应理解成对内疚感之对等物的寻找。我同意他的观点，但他似乎没有足够透彻的分析，因为他只给出了单方面的解释，只考虑了“超我”这一人格部分。——原注

② 参见达理的《月经焦虑》及温塔斯坦的《少女的青春期仪式及其沟通时的彼此形象》。后者载于 1930 年《意象》第 4 卷。——原注

③ 参见弗洛伊德的《童贞的禁忌》，载于《论文汇编》第 4 卷。——原注

么，我们应该做的（在每一个体性的分析中）仍然是让男人表现出一种让他产生上述想法的强迫性冲动。奸淫处女的行为不是一般的危险。事实上正是因为其特殊危险性，这项任务要安全地完成，必须交给一个强壮的男子，或由这样一个陌生人：他甘冒生命危险或丧失男性气质的风险（当然，奸淫成功就是对他的犒赏）。

处女膜这种透明物质关系到男性对女性的潜在恐惧，可是，人们对前者是没有抵抗力的，于是考虑它时就多少忽视了后者。可我们却要惊讶地自问：这种恐惧真的没有关注的价值吗？女性对这种恐惧的忽视竟能维持很长时期，这一事实似乎更值得关注。而诸如女性的焦虑和她们自尊的损害，就是女性与这种忽视的联系，至于女性为何会在这种联系中形成其态度，我将在书中其他地方来详加分析。首先要说的是男性为何能够在恐惧的同时保持平静。这里面的原因既重要又非常明显。男性在恐惧的同时，也进行着否定它乃至否定自己的努力，而且其方法是多种多样的。我们在上面已经间接提到，通过艺术和科学的创造性工作来"客观化"这种恐惧就是这些努力的目的。或许我们还可以推断，男性不只是由于爱慕女性才赞美女性的，里面可能也有渴望掩饰恐惧的原因。然而在男性表达一种表面态度即贬低女性时，我们也能看到一种解脱，而且与前述解脱相类似。男人可能会在心里说："她已经优秀到了这样的地步，快乐而且神圣，我还有必要再害怕她吗？"这背后的态度是爱与崇拜。而当他心里说"对这样一种生物恐惧真是滑稽可笑的事。当你仔细全面地观察分析她，竟会看到她的可怜之处”[①]时，背后的态度是轻视。这是缓解焦虑的杀手锏，增进男人作为一个爷们儿的自尊是它的一个功效。在一个爷们儿的内心深处，相比承认对一个男性——比如父亲——的恐惧的威胁，威胁更大的似乎是承认自己对女性的恐惧。男性为何独独在对女性的关系中有如此敏感的自我感觉？要理解其中原因就不得不分析男性的早期发展，这一点我会在后文进行相关讨论。

对女性的恐惧通过精神分析将被明明白白地揭示出来。精神分析理论认为，基于强烈想要逃避女性生殖器，或者否认其存在的愿望产生了男性同性恋，其他某些性变态也因此而产生。而弗洛伊德的研究表明，恋物癖[②]的一个基本特征就是这种渴望。特别是，弗洛伊德相信焦虑并不是这种渴望的基础，真正的基础是女性对阴茎的厌恶，产生这种感觉是因为她们没有阴茎。我却认为，就连弗洛伊德的解释也必定暗含着这样一个结论，就是焦虑感也存在于工作当中。对阴道的真正恐惧——如果能够看到的话——也包裹着一层伪装，这就是厌恶。对一个在力比多催动下结婚的男子来说，唯一强烈地阻止其目标实现的动机就是焦虑。可是，对这种焦虑的解释不包含在弗洛伊德的解释中。充分使一个男孩

① 我清楚地记得当首次听到一个男人把上述观点作为一种普遍观点并表示支持时，我有多么的惊讶。演讲者是格洛德克，当他在谈话中评论说“当然男人是害怕女人的”时，他明显感觉到自己是在宣布一件相当不言而喻的事实。格洛德克在他的著作中反复地强调这种恐惧。——原注

② 参见弗洛伊德的论文《恋物癖》，载于《国际精神分析杂志》1928 年第 9 卷。——原注

害怕曾经受到阉割惩罚的理由，不是他具有父亲带给他的阉割焦虑。他的恐惧除了指向父亲，必定还有更深刻的对象，就是女性或女性生殖器。目前已经准确无误地确认，同性恋和性变态者都对阴道本身有恐惧，但不只如此，在接受精神分析的男子的梦中也看到了这种恐惧。每个精神分析师都很熟悉这一类梦，而大概描述这些梦的轮廓是我在这里唯一需要做的。这些梦有：一辆飞驰的汽车突遇深坑并掉进去摔烂了；在一条狭窄的海峡上，行驶着一只小船，突然起了漩涡，卷走了小船；有一间神秘的地窖，里面摆放着血迹斑斑的植物和动物；有一个人身处危险之中，他正在爬烟囱，有可能摔落并被杀死。

为说明这种对阴道的恐惧，我还可以举一系列"德勒斯登实验"[①]。这些实验都与博耶博士有关，都是偶然观察的结果。在一家精神分析中心，医生与二十八个男孩和十九个女孩在玩球，球里有一条裂缝。玩了一会儿之后，医生把裂缝给孩子们看，接着扒开裂缝把手指插进去，结果裂缝紧紧夹住了手指。之后，医生要求所有孩子重复她的动作。结果显示，一点也不害怕照做的男孩只有六个，女孩有九个，根本不照做的男孩有八个。所有女孩都没有严重的焦虑，而那九个之外的女孩有轻微的不自在感。

对父亲的恐惧遮掩着对阴道的恐惧，这是不用怀疑的，但后者也有表现在外的时候，比如通过无意识的语言暗示出来，或者

---

① 这些实验的执行者是哈托尼博士，进行地是德勒斯登的一个儿童诊所。——原注

对阴道内阴茎之恐惧的背后就是对阴道的恐惧。[1]

能够解释这种现象的原因有两种，一种是这种方式可以减少男性自尊受到的伤害，这一点我在前面已经说过了。第二种是两种恐惧的更真实者和神秘度更低者都是对父亲的恐惧。恐惧真实敌人与恐惧亡灵的差异，或可以用来形容恐惧阴道与恐惧父亲的不同。从阉割父亲的幻想中产生的焦虑，在一定程度上是一种偏见。比方说，一个吮吸自己拇指的男人有可能会遇到手指被剪刀割破的危险，但说出这种威胁的人却是母亲——剪刀正象征着一位女性。对于这种现象的分析，详见格洛德克的《蓬头彼得》一书。

以上所述使我认为，相比一个男性对其他男性的恐惧，男性对女性（母亲）的恐惧，或对女性生殖器的恐惧，有更深的程度和更重的分量，也将受到更多压抑。另外，想要在女性身上找到阴茎这种努力的第一个重要意味是这样一个目的，希望看到女性并没有那么邪恶生殖器。

能不能在个体发生学方面解释这种焦虑？或者说，整个男性气质及其行为表现有一部分不正是这种焦虑吗？至于产生原因，雄性动物交配后可能出现的现象，就是看起来昏睡过去甚至已经死亡，有没有发生？[2] 在女性体内，交媾暗含着孕育新生命的意义，因此，对男性来说与爱联系得更紧密的东西是不是死亡？男性能

① 参见贝尔穆的《同性恋的心理》，载于德文版《国际精神分析杂志》1925 年第 11 期；梅拉尼·克莱因的《俄狄浦斯情结初期》（载于《国际精神分析杂志》1928 年第 9 卷）、《形成象征之于自我发展的重要性》（载于《国际精神分析杂志》1930 年第 11 卷）、《反映在艺术工作和创造性冲动中的婴幼儿焦虑情况》（载于《国际精神分析杂志》1930 年第 10 卷第 436 页）。——原注

② 参见博格曼的《母性智慧和感性认识》。——原注

否感觉到在与女性（母亲）团聚的时候，渴望征服她的同时，还秘密渴望着死亡？隐藏在“死亡本能”背后的，有没有可能就是这样的渴望？是不是说男性的生存意志在遇到这种渴望的时候就表现出焦虑？

现在，我们用来理解这种焦虑的术语，要尽量限定在心理学与个体发生学领域。弗洛伊德认为是否为了生育而保持没有意识到阴道的状态，是区分幼儿性欲和成人性欲的标志。可我们发现如果按照他的观点，我们将陷入茫然，不知从何下手。据他所说，生殖初期这个提法是不恰当的，称其为阳具初期才可以，于是，对幼儿生殖器组织时期的更合适称呼，应该是“阳具欲期”[①]。记录在案的男孩在该生活时期的话表明，弗洛伊德无疑是在正确的基础上进行观察的。但是，弗洛伊德的描述，即对幼儿生殖器阶段的特征的概括，是通过具体形式得出的真实概括吗？还是说这概括只适用于一个相对更晚的阶段？如果是你对该时期的基本特征进行细致入微的观察，也会忍不住这样问。弗洛伊德认为男孩一般对自己的阴茎有集中的兴趣，而且其方式明显是自恋的，“到了青春期，这个男性体内的内驱力会表现出来，而它在童年期的主要表现是性好奇，这属于探知一切事物的冲动”。他还认为，在这个过程中，别的生物有没有阳具：有多大这样一些问题，也起着非常重要的作用。

在本质上说，源于器官感觉而产生的阳具冲动是具有穿透力

① 参见弗洛伊德的《力比多幼儿的生殖器结构》，载于《论文汇编》1923 年第 20 期第 2 卷。——原注

的一种渴望，这一点是确定无疑的。在幼儿的游戏中，在幼儿之间的相互行为中，都已经清楚地体现了这些冲动，因此，再去怀疑它们的存在就是多余的了。如果这些冲动不包含男孩对母亲的性渴望，那么，指出这种渴望的真正所在就是一件非常难的事。对异性生殖器冲动的一种自淫式表达就是手淫，如果不是这样，手淫的女性为何会想到在“阉割”了她的父亲时产生手淫焦虑？

男孩在阳具欲期的心理定向的主要形式接近于自恋，并且他肯定是在更早的阶段拥有了生殖器冲动的直接对象。因此，尽管他们会本能地探索女性生殖器，但必须要考虑到其他可能性，就是不直接指向女性生殖器。我们的确发现，口唇性交、肛门性交、性虐待这些行为，出现在了他们早年生活和晚年生活的梦中，没有确定具体部位。这也是他们的一般行为模式与具体行为模式表现出来的。但是这些现象代表了对冲动目标本身即生殖器的替换吗？或者在多大程度上代表着？这是我们不敢确定的，所以我们不能认为它们主要是证明了那种冲动。这一切顶多告诉了我们这三种性交趋向会怎样影响一个特定个体。还有，我们也不能确定，这些表现本质上是不是男性反对女性一类情感的结果或表达，尽管两者确实有所关联。举例来说，对女性的肛门性欲或许表达出了贬低女性的倾向，但口唇性欲则是焦虑的表达。因此，它们没有很大的显在价值。

对我来说，不可能一直保持“未意识到阴道”的状态这一点，除了以上原因，还可以有许多种原因来解释。一方面，男孩当然会认为大家有着一样的身体结构，这是一种自发的总结。但在另一方面，阳具的冲动会驱使男孩在女性身上找到一个合适的洞，在本能的作用下，就是说一种性别往往会在异性身上寻找与自己互补或根本不同的东西，这将是必然的。他自己的身体没有这样的洞。通观我一开始引用的关于男性害怕女性生殖器的所有材料，可以推断出如果儿童真的是以自身的性构造为原型形成了自己的性理论——这是弗洛伊德的观点，认真理解它，我们也会知道——那么这个观点必定有这样一层意思，即男孩之所以想象出一个与自身互补的女性器官，其背后的驱使者是阳具想要插入阴道的本能冲动。

这种焦虑的起源，绝不会只限于在青春期。它在青春期开始时就已经清晰地表现出来了。观察男孩掩饰自己焦虑的行为，我们就会发现后一点。让自己摆脱对母亲乱伦的依恋关系，显然是青春期男孩的一项任务，但不止于此，克服对所有女性的恐惧是更普遍更重要的任务。在后一方面，他通常是一步步取得成功的。他一开始对所有女性都加以回避，引起他焦虑的限制只有他的男性气质完全被唤醒时才会突破。虽然青春期的冲动一般还会复活，就像我们所了解的那样，但在复活之前，它已经发生了必要的变化。在本质上说，这些变化是通过如实复制一系列早期经验而发生的。早期幼儿的性欲，随着这些变化成熟起来，于是产生了这些冲动。而且，在幼儿的早期幻想中就已经孕育了焦虑，而现在焦虑又完全准确地指向那个时期。我们在观察人们的梦和文学作品的象征时，也看到了焦虑这一奇异特征。

处于青春期的一个正常男孩，已经获得了关于阴道的一些确切知识，但是，女人身体还可能有一些奇怪而神秘的东西是他们所不知道的，他们感到害怕。对一个成年男子来说，这种害怕有可能与母亲身份的神秘联系在一起；如果他一直认为女性隐藏着一种巨大而无法理解的神秘，就只能有这种关联。至于其他东西不过是这种恐惧的残留物。

这种焦虑源起何处？其特征都有什么？男孩和他母亲的早期关系被哪些因素掩盖住了？

弗洛伊德指出，在这些因素中，母亲是最明显的一个因素。[①]孩子本能的最早禁止者是在婴儿期就开始照顾他的母亲。与孩子的愤怒有关的可能是他虐待母亲身体的冲动[②]。孩子明显有这种经历，并被母亲禁止，因而才会愤怒。根据一报还一报的复仇原则，孩子的焦虑，就是这种愤怒残余物的变形。最后要指出，或许也是最主要的一点，另外一种因素就是个体的生殖器冲动本身的命运。男孩女孩间的巨大差异当然有两性身体结构差异作用的结果，但是我们只有对他们在性欲期早期的真实情况进行观察和思考，才可能真正能理解他们的焦虑，理解他们焦虑的多样性。对女孩来说，她们接收什么东西和接受自己的渴望（与被动不是一回事），源自她们固有的生理本性。对于自己生殖器相比父亲阴茎很小这一点她有感觉，或者已经知道。于是，她产生了对自己的生殖器渴望，而她的焦虑，即对渴望成真时生殖器受到伤害的恐惧，就

---

① 详见他的一篇关于女性性欲的文章，即 1930 年的《国际精神分析杂志》第 11 卷第 281 页。——原注

② 与上面引用的梅拉尼·克莱因的著作互见，人们对它的重视，在我看来还不够。——原注

是与这种渴望的直接相伴反应。

另一方面，男孩的反应是多种多样的，表现为害怕自己有缺陷、害怕被拒绝、害怕遭到嘲笑。因为他们能够感觉到，或者本能地判断出，自己的阴茎尺寸实在难以匹配自己母亲的生殖器。因此，男孩的焦虑与女孩的焦虑有很大不同，他最初是由于自尊而害怕受到什么威胁才害怕女性的，这种恐惧根本不是什么阉割焦虑。①

在这里可能会有一些误解，我要做出如下强调以规避它们：我相信，这些过程是纯粹出于本能的反应，就是说它们主要是在器官感觉和机体需要强度的基础上发生的。换言之，就算孩子从未见过父母的生殖器，就算完全不了解这些生殖器的存在，也会发生这些反应。

从男孩的角度来说，还有另外一种方式影响着这种反应，而且母亲给男孩造成挫折的影响的严重性，远远超过了相应的父亲之于女孩。力比多冲动在这两种情形下都会受到挫伤，但是女孩可以保护自己身体的完整性，这是对挫折的一种安慰，而男孩则不然，生殖器官的欠缺感是男孩的第二个敏感特点，这会打击到他，并有可能在其产生性渴望之初就造成困扰了。如果我们假设，特别重要的冲动受挫是产生攻击性愤怒的最常见原因，那么母亲带来挫折所唤起的男孩内心愤怒的方式必定是双重的：第一唤起方式是男孩力比多自身恢复的需要，第二唤起方式是男性气质自

① 我此处所指的，依然是《论两性之间的不信任》一文所提出的那个观点，见1930年的《心理分析运动》。——原注

尊的挫败感。还有一部分愤怒是由性器欲前期[1]遭受的挫折产生的，现在有可能同时被唤起。于是，挫折引起的愤怒，以及一点受虐狂症迹象，与阳具插入阴道的本能冲动混在一起了。

找不到可以让我们假定这些阳具冲动是自然虐待狂症的理由，也就是说，在没有具体证据下，不能承认“男性”是“虐待狂”、女性是“受虐狂”的说法。关于这一点，精神分析文献总是没能充分显示出来，而我要在这里强调一下。如果这种混杂的破坏性冲动真的具有相当大的力量，那就必须认定引发焦虑的一种直接来源就是母亲的生殖器，这样才符合一报还一报的复仇原则。进一步说，男孩最初讨厌这种混合冲动，如果是它与自尊受到伤害有关，那么在第二过程中，即混进挫折转化来的愤怒，它将演变成阉割焦虑。一般而言，能够强化这种焦虑的一个因素是男孩看到了（女性）月经的痕迹。

在男性对女性的态度中，一个永远的烙印就是这后一种焦虑，从不同时代和种族中随机选出的例子都能说明这一点。我却认为，并不是所有男性都会表现出这种焦虑，而且它酷似我们在女性身上发现的、稍有不同的焦虑，因此作为两性关系的一个特征，它也不能用来区别出男性。终归是男性具有这种焦虑，而且这种男性对女性的整个态度，在其焦虑的影响下已经发生了神经症倾向的明显扭曲，这就是为什么不管发生强度如何，我们的精神分析都能发现它。

---

① 弗洛伊德所用的一个术语，是对幼儿性发展前两个阶段即口欲期和肛门期的合称，主要特征为在自己身体上寻找性对象和独立单纯地寻找快乐。——译注

另一方面，我认为每个男性都残留着关乎自尊的焦虑，只是有的多有的少。在男性对女性的普遍态度中，这种焦虑也会留下独特痕迹，但是在女性对男性的态度中找不到这种焦虑。就算能找到，也是女性间接得来的，也就是说，女性完整本性的组成部分不包括这种焦虑。

即便对男性的幼儿期焦虑发展、战胜焦虑的努力和以上焦虑的表现形式详加研究，结果也只是对这种男性态度的一般意义有所领悟而已。

从我的个人经验来看，每个接受分析的男性，无论他处于怎样的心理状态，无论他的神经症结构怎样，害怕遭拒和被嘲笑都是他的一种典型成分。在日常生活中，男性可以避免出现引发这些情感的情境，还可以通过某种过程进行过分补偿，总之有各种方式和大量机会来逃避这些情感。相比之下，预约女性分析师并进行一般交谈，以及接受精神分析的情境，都会更清楚地展现出这种焦虑与敏感性。然而，精神分析很难探测到这种态度的具体基础是什么，因为当事者在潜意识里最大限度地隐藏了这些基础，一般而言，潜意识里的遮掩者是他的女性取向。①

我的个人经验告诉我，尽管这后一种取向的显著程度，不如女性的阿尼姆斯情结（对此我在后面会做出解释），但这种取向也是十分常见的。它有各种来源，可我并不想在此展开讨论，我只能说一说我的一个推测：男孩讨厌自己男性角色的重要原因，可

---

① 参见贝尔穆的论文《阿尼玛情结》，载于《国际精神分析杂志》1930 年第 11 卷。——原注

能就有在早期自尊上受到了的伤害。

对母亲的恐惧伴随这种伤害而生，而将力比多从母亲到自己及自己男性生殖器的集中转移，显然是男性对这两者做出的标准反应。男性之前与母亲形成的关系，是痛苦的和充满焦虑的，现在有了这种转移，他从这种关系中解脱出来。这种转移还会重新恢复男性的尊严，因为它有可能对男性的阳具自恋有促进作用。也就是说，从经济的角度来看，这是一个有两重好处的过程。此时的男性已经“看不到”女性生殖器了，因为他否认了那个“未被发现”的阴道。这个发展阶段完全契合弗洛伊德的阳具欲期。

因此，我们若要给自恋式焦虑一个恰当的回答，就必须理解男孩的探察态度——是这个阶段的主导——以及这种探察的本质。

幼年的男孩在表达自己成为女性的渴望时，一点也不觉得尴尬，这是因为在他的焦虑反应背后，首先有很强的阳具自恋[①]。然而更新的焦虑，即担心人们不在意他说了什么，会伴随这种渴望而产生。这还只是一部分，另一部分伴随而生的焦虑是害怕被阉割。弗洛伊德认为男性身上的双性恋的显著程度不如女性，[②] 可是，我们必须认为这是一个仍有问题的观点，一个原因是女性阉割焦虑这种反应在很大程度上是源于自我想成为女性的渴望——一旦我们意识到这一点，就完全不能同意弗洛伊德。

“从他的行为来看，他似乎模糊地感觉到，他的性器官可以更

① 而不是对女性生殖器的渴望，可对照“肚里有粮，心中不慌”的心理。——译注

② 参见弗洛伊德的论文《论女性的性欲》，载于《国际精神分析杂志》1930 年第 11 卷第 281 页。——原注

大一些，而且理应那样。”[1] 这是弗洛伊德强调的男性在阳具欲期的一种特征，它也相当清楚地说明，男性的自恋性伤疤是他作为小男孩时与母亲的关系中保留下来的。对于这些观察材料，我们必须进行详实的分析，就是说我们必须认为，这种行为在阳具欲期开始表现出来，并不意味着它会有一个终点，反而是一直保持着，只不过其形式是一种潜在的、对自己阴茎大小或性能力的焦虑，或者是一种藏得不深的骄傲。它少年时代又以近乎纯真的方式表现出来。

有些女性害怕自己身上的阿尼姆斯，而我们总能在对她们的分析中发现，女性的实际活动范围已经扩大和延伸了，可这些女性还是会无意识认定，已表现为她们特征的野心和成就是属于男性的。至于其中原因，下面的分析或许可以解释。男性向女性证明自己有男性气质，这实际上是必须的，也是目前男女两性对生理差异的共同要求。可是性冷淡的女性也可以性交，怀孕生孩子也不耽误，可见这要求没有指向女性的部分。女性只要“存在”就可以完成这些任务，而不必付出任何“行动”。对这一事实，男性总是会产生羡慕和憎恨。另一方面，男性要让自己感到满足，也必须付诸行动。男性的普遍理想是成为一个高“效率”的人。

驱使男女产生爱情的简单渴望主导着男性，它还驱使男性把自身男性气质的内部冲动受掩盖的过程反复证明给自己和他人看。至于其中原因，我们从性生活本身就可以看出来。在行为极端的

---

① 参见弗洛伊德的《力比多幼儿的生殖器结构》，载于《论文汇编》1923 年第 20 期第 2 卷。——原注

情况下，此类男性只对征服这一件事情感兴趣。“占有”多个最漂亮、追慕者最多的女人就是他的目标。我们在这些男人身上看出的焦虑明显是两种焦虑的混合，一种是对自恋的过分补偿，一种是存在性的焦虑。容易激怒这些渴望征服男人的，是那些太把自己的愿望当回事儿的女人。这种男人反而容易感激那些不用证明自身女子特质就可被征服的女人。

弗洛伊德把一种态度称为贬低恋爱目标的倾向，[1] 采取这一态度，也能够避免自恋性伤疤的痛苦。男性渴望与之水平相当或更高的女性交往，是不是就在采取这一态度？就是说，他的自尊心已经受到威胁，而他贬低她则是在保护自己？在性、伦理、智力领域，如果一个人被妓女或淫荡女人拒绝或被要求，他不必害怕，反而可以觉得自己高于她。[2]

第三种方式就包含在这态度中，它就是逐渐缩减女性的自尊。就结果而言，这种方式在文化中是最重要的，也是最不利的。对某些既定生理事实，男性自然要在心理上做出反应，即贬低女性，而这种明确的反应趋向，正是男性贬低女性的基础和根源。关于这一点，我想我已说得很清楚了。男性气质缩减女性自尊这种倾向所达到的结果是：把女性贬为幼稚的情感动物，因而说她们不可能有责任感或独立性。男性认为这种描述适用于许多女性，并

① 参见弗洛伊德的论文《对爱情心理学的贡献》，载于《论文汇编》第 4 卷。——原注

② 但是，男人还有其他驱动力去找妓女，这种自我优越感并没有转移该驱动力。弗洛伊德的《对爱情心理学的贡献》（载于《论文汇编》第 4 卷）、贝尔穆的《对同性恋心理的贡献》（载于德文版《国际心理分析杂志》1920 年第 6 卷和 1922 年第 8 卷），对这一观点均有阐述。——原注

将这一事实作为证明贬低女性态度的正确性理由，可是我们要想一想，女性的这个类型是不是由于未经历系统化选择训练而造成的呢？为证明自己的优越性，从亚里士多德到莫比尤斯的男性，已经展现出了多得惊人的力量和智慧，但是个体智力水平的高低不是重点，真正重要的是在自己自尊受威胁的作用下，“普通男性”反复选择的结婚对象是幼稚的、非母性的和歇斯底里症般的女性。

九　认为阴道不存在的问题

考察女性的生殖器焦虑

在考察过女性发展的具体特征后，弗洛伊德作了一个基本总结：首先，在性区[①]和爱的首选对象[②]这两个方面，小女孩与男孩的早期本能发展是一样的；其次，（主要是由于）不能从相似的力比多倾向得到相似的解剖学和生理学基础，因而不能否认两性之间存在着巨大差异。照此推想必然会得到的结论是：女孩只能嫉妒男孩的一个优势特征，即力比多的生殖器趋向，因为她们感觉到自己没有这种趋向。可见这又是一个合理的结论。女孩男孩都与母亲存在着种种冲突，但是，有一种重要冲突——在这种基本冲突的作用下，女孩疏远母亲亲近父亲，因此它是重要的——是女孩单独具有的，就是她觉得是母亲的过失导致自己没有阳具。

因此，弗洛伊德用“幼儿生殖器阶段”这个恰当术语来描述儿童的旺盛性欲期，该时期也就是男孩与女孩共有的前生殖器期初期。

① 两性器官的生殖方面扮演着一定角色的只有阴茎，目前还没有发现阴道的角色。——原注

② 最初被孩子爱的对象，是父母中的母亲。——原注

对我来说，这种观点被一个不熟悉精神分析的科研人员忽略且只看成是诸多陌生又独特观点之一的遭遇，是可以想象的。然而，精神分析本身希望世人能够相信这些观点。这是一个可用以理解女性心理且十分重要的观点，而这种理解，只有那些接受弗洛伊德理论观点的人才会达到。弗洛伊德有许多最重要的发现，关于这个观点的全部研究成果就是其中之一，估计人们即将证实这些成果中的一部分是永远有价值的。我已经论述过，要理解整个后期生活，非常重要的一点是理解儿童早期的想法、经验和冲突。个体早期的经验，会影响个体处理自己后期经验的能力和行为方式的形成，当我们能够认识到这一点，就成为完全接受这个观点的一个实例。至少潜在地看，下面有关女性具体心理生活的结论都来自上述认识：

（1）在月经、性交、怀孕、分娩、哺乳和绝经期等女性器官功能发展的新阶段，女人的体内，甚至一个正常女人的整个身体（事实上，海伦娜·达伊奇正是这样假设的[1]），都会发生变化，而女性必须先战胜自己趋向阿尼姆斯的冲动，才有可能完全接纳这些变化。

（2）女性发生同性恋的概率，即将力比多依附或转向同性的概率，要比男性高，这是毋庸置疑的，无论其种族、社会、个人条件以及是否正常均无法改变。异性带来的困难，更容易使女性表现出退缩行为，同性恋态度是这种行为进一步转变的结果。因为，弗洛伊德的观点已经告诉我们，女性儿童期最重要的几年就是由

① 参见海伦娜·达伊奇的《对女性功能的心理分析》。——原注

她对同性的依恋支配着的，不仅如此，女性第一次转而依恋男性（父亲）所采取的主要方式，是偏激的憎恨：“我之所以怨恨我的母亲，是因为我觉得是她让我没有阴茎；我之所以转向我的父亲，‘目的’是想用生孩子来弥补没有阴茎的不足。”我们觉得，在女性一生与男性的关系中，如果没有这种强迫性选择，反而是一个矛盾，其中原因正在于：我们已经相信早年生活能够影响后期心理和行为方式的形成。[①]

（3）女性的共有特征，即远离一些本能的东西，是次要的、可被替代的。转而渴望与追求母亲身份，至少能够轻易地把自己表现出来，这甚至适用于正常的女人。

女性渴望着生孩子，对此弗洛伊德绝不可能不知道。他认为，一方面，女孩与最强烈的本能对象之间关系（比如对母亲的关系，不过，体现这一关系的形式却是相反的、最早的母子关系）的遗迹，主要以这种渴望为代表。另一方面，早期对阴茎的基本期待的主要残留，也表现为这种渴望。弗洛伊德认为，女孩没有先天形成对母亲身份的渴望，该渴望产生于个体发展过程中，是一种原始能量驱动其心理的结果，而对同性或阳具的本能渴望正是这种能量的来源。这正是弗洛伊德观点的特殊之处。

（4）精神分析的第二个原则是个体后期对生活的态度，最初是个体在性生活中的态度。如果我们接受了这个原则，最终就能够推断出：一种强烈的、深藏着的恨，奠定了女性对生活的全部

① 小女孩后期所产生的对阳具的态度，表现为对象间关系，因此，我打算在后面的论述中讨论有关早期对象间关系的问题。——原注

反应的基础。因为，弗洛伊德已经告诉我们，关乎小女孩的最重要、最根本的本能渴望，就是她的阴茎嫉妒。我们可以基于这一点建立起一般的憎恨典型。可这不是一种必然会出现的态度，对此弗洛伊德确实也作了清楚说明：只要个体发展历程中没有偏差，至于如何与男性以及母亲身份相处，女性自己会找到方法。但是，如果这种憎恨是在较早时期形成的，而且根源很深，那么，相比同样情形下的男性，女性的这种态度更容易背离整个精神分析理论和经验。或者，这理论和经验无论如何都不会认为正是这种态度暗中破坏着女性的重要情调。

关于女性的整个心理，许多重要结论可在弗洛伊德对女性早期性欲的解释中找到。思考这些结论时，我们可能会有这样一种印象：在它们建立起来的基础上，在对它们的正确评估中，还应该对它们进行反复观察测验和理论反思。

对我而言，要判断弗洛伊德理论所依赖的基础即某些根本思想是否合理，似乎不足以以精神分析的经验为依据。我认为，在我们未能对正常儿童进行系统化观察之前，在精神分析训练人员尚未展开大规模调查之前，我们必须延后对这些思想的盖棺定论。弗洛伊德曾说："大家已经知道，我们所界定的男女特征之显著差异，最早的是青春期之后的差异。"而我所讲述的那些有争议的观点就包含了他的陈述，而且，这种陈述已经被我亲力亲为的一些观察证实。总能令我吃惊的，反而是二到五岁的小女孩表现出某一具体女性特征的方式。举例来说，她们往往表现出的一个典型特征是，不由自主地对男人搔首弄姿，或者流露出母性关怀。然而，很难使这些结果吻合弗洛伊德的那个观点，即小女孩在性欲初期倾向于表现出男性气质。我一开始就发现这种现象了。

弗洛伊德是不是只在性活动的范围内讨论两性原始的力比多倾向的相似性呢？这种假设未尝不可，但是，我们紧接着又发现，它违背了个体性欲决定其他行为模式的格言。为了使这一点得到一个清楚说明，我们观察并研究了大量案例，来考察正常男孩的行为与五到六周岁女孩行为的差异。

目前的观察结果是，那些未曾受到恐吓的小女孩，往往在最初几年中具有早期阴茎嫉妒：她们提出问题，比较自身具有的多个劣势；她们表达了想有一个阴茎的愿望，甚至崇拜阴茎，或者，她们用“我以后将会有一个阴茎”这样的话来安慰自己。就算假定这是一种频繁或有规律的表现，但还有一个问题存在很大争议，那就是：在我们理论结构中，应该将它放在哪个位置，应该给予它怎样的重要地位？实际上，为说明小女孩的本能生活在多大程度上受阴茎渴望的支配，弗洛伊德已经频繁利用这些表现了。但我是持反对意见的。

我将考虑从下面三点来提出我的反驳：

（1）我们发现，同龄男孩也渴望着自己能够拥有乳房，或者能够生育小孩，这种表现与女孩的阴茎渴望是同一性质的。

（2）在整体上说，这些表现既影响男性的行为，也影响女性的行为。如果一个男孩渴望着拥有母亲那样的乳房，那么，他在行为上往往表现出地道的小男孩般的攻击性；如果一个小女孩崇拜和嫉妒着她弟兄的生殖器，那么，她在行为上往往像一个地道的小女人。这些事实使我认为，早期的这些表现根本就是本能要求的表达，或者将它们划为不同类别是否恰当这种问题，尚有可争议的地方。

（3）如果我们接受人人都有双性向的假设，那么所出现的那种类型，可能是另外一个样子。像弗洛伊德总是强调的那样，这种接受对我们理解个体心理而言是相当重要的。一个个体的性别，是从一出生就确定不变的，但我们认为，儿童对自己性别角色的心理态度最初是不确定的和暂时性的，而这心理态度就是双性向的结果——尽管其发展会受到阻碍，但双性向从未消失。儿童的双性渴望，因为对它没有意识，能够自然地、单纯地表达出来。更深入地探讨，我们还可以推断出这种不确定性越来越弱直至消失的过程。

我可以指出，在儿童期初期双性向会有一定的扩散性，即儿童表现出嬉闹、活泼的特征，该时期的这些表现与那些所谓潜伏期的表现之间有显著差异。这也能够说明我上面得出的观点。女孩如果在这个年龄有男性化的行为，即做游戏、做事时偏好男孩的游戏和事情，并否定女孩子气，则全部这些行为都取决于她成为一个男孩的渴望。不过，我们还必须调查这个渴望的发生频率，调查影响它的社会因素。从这些行为来看，女孩是在一个不同的心理深度产生了这种渴望。也就是说，这种情形跟早期的情形不同。但是，我们不能据此认定生物学已放弃的男性气质渴望正表现为这些行为，除非前提是特殊的理论假设；它们仍然能够代表心理冲突给女孩造成的后果。

弗洛伊德假设阴蒂是女孩早期的生殖器感觉和活动集中的部位；至于是否发生早期阴道性区手淫，他表示严重怀疑，他甚至认为，阴道这个区域是完全“有待发现”的。这一假设也是他建立自己性区理论的基础。

这是一个十分重要的问题，我们应再次准确地观察大量正常儿童来给出解答。对弗洛伊德这种观点的怀疑，我和乔思拉·缪勒在 1925 年就曾提出过。[①] 而且，儿童早期的阴道手淫也是普遍发生的，至少像阴蒂手淫那样普遍发生。证明这一点的大量信息，是喜好心理学的妇科医生和儿科医生提供的。除此之外，还有如下佐证资料：频繁观察到潮红、渗血等现象，它们都是阴道发炎的信号；把某一器物体插入阴道的事比较频繁地发生；最后，儿童还会把手指放入阴道，而我们经常听到母亲们的抱怨。著名的妇科医生维尔海姆·里普曼甚至根据自己的经验说，他相信阴道手淫在儿童早期发生的普遍度高于阴蒂手淫，甚至在幼儿期的前几年就已经是这样了。[②] 阴蒂手淫多于阴道手淫的相反情形，出现在儿童期的后几年。

可是，我们不能根据这些一般印象得到最后结论，因为它们代替不了系统观察。但是，它们确实能够表明特殊情况会不时出现，这一点甚至弗洛伊德自己也承认。

接下来，从精神分析的角度分析这个问题应该是最自然的事，

---

① 参见乔思拉·缪勒载于 1932 年《国际精神分析杂志》第 13 卷论文《关于女孩生殖期力比多的发展》。——原注

② 维尔海姆·里普曼讲诉的内容发生在一次私人交谈中。——原注

可是，很难进行这样的分析。在其他情形中会有当事人压抑自己想法的现象，在目前的情形中也必须考虑到这一点，因此，能够作为明确证明分析结果的材料，如果是患者有意识回忆出来的，已经是最好的了。换句话说，患者如果没有说出阴道的感觉或手淫经历，可能是没有足够的理由去回想出来，但我们却必须怀疑她是不是也忽视了对阴蒂的感觉。①

还有一个更大的难题，那就是前来接受分析的女性，偏偏是那些在一般的、自然的性活动中都无法感知阴道的女性。在某种程度上，她们的性发展都偏离了正常轨道，再不然，她们的阴道的敏感性多少受到了干扰。同时起到一定作用的，好像还有偶然的生理差异。出现如下情形的案例，大约占我所观察案例的三分之二：

（1）在性交之前，已经明显出现手动的阴道手淫所带来的阴道性兴奋。我只遇见过如下两个准确无误的案例：当事者性冷淡的表现形式为阴道痉挛和性交过程中阴道分泌能力差。我更倾向于，在手动的生殖器手淫中才会出现偏好阴蒂或阴唇现象。

（2）自发的阴道感觉；非手动的阴道手淫；性交过程中发生性冷淡。引发自发阴道感觉的情景有聆听音乐、驾车、摇晃、梳头，还有其他促使情趣转移的情境。而且，在大部分情形中出现的分泌物达到了可见的程度。

---

① 在贝尔穆引用的几个案例中，很明显当事者始终没有发现阴蒂感觉和手淫，而只回忆起了阴道感觉和阴道手淫。他对这几个案例的引用，发生在德国精神分析协会 1931 年成立之前，当时他正在讨论我关于生殖器阶段的论文。——原注

（3）被性侵的幻想配以某些身躯运动、捆紧自己或特定施虐等额外的生殖器手淫，产生自发的阴道感觉。强烈的焦虑会在任何阴道被触碰到的时候产生，于是拒绝性交。这些触碰活动有性交、医生的检查、手淫、医疗性阴道冲洗等。

现在，我需要对我的观点做一个临时总结。在手动的生殖器手淫中，更常见的选择是阴蒂，而不是阴道，但是，一般性兴奋引发的生殖器感觉更常见的感受部位是阴道。

从理论的角度来说，就算患者不知道阴道的存在，或者只是模糊地了解，就算事后分析不能使患者回忆起阴道所受到的诱惑或阴道手淫，我还是认为经常在患者身上出现的自发性阴道兴奋依然是十分重要的，因为这种现象包含的阴道感觉从一开始就不能作为表达性兴奋的手段的可能性。

我们必须在收集了更广泛的材料后才能回答这个问题，只依靠分析师自己的观察结果是不够的。同时，我的观点的支持性证据后期还有一系列的研究结果。

首先，当事者在性交之前就已经发生过强奸幻想了，该幻想的起源比青春期要早很多。已经有许多人留意这种幻想了。对这些幻想的来源和内容我们如果想要有一个解释，就不能否认阴道性欲的存在。事实上，某些比较模糊的施暴行为，并从这些行为中得到一个小孩的想法，并不是这些幻想的终止点。相反，我们所知道的关于性交的知识，通常与幻想、梦和焦虑无关。不过，这些幻想有太过丰富多样的伪装方式，我只好列举出其中一些来作说明：盗窃犯翻过窗户或门；某男性在持枪威胁；如蛇、鼠、蛾一类动物爬进、飞进或跑进一些地方；某个动物或女人被利刃戳伤；火车快速进站或驶入隧道。

关于性交过程，如果从其他人的观察或解释带给我们的知识是不够的，我们往往——比如在身为儿童时的早期焦虑中和梦境中——会产生一些本能的想法，因此我才在上面谈到性交过程的“本能”知识。人们可能会问：是不是说必须要先知道阴道是性交活动的接受器官，才能够获得如何进入女性身体过程的本能知识？我认为，接受了弗洛伊德“儿童的性理论模型是他自己的性构造”的观点，我们就会给出肯定的回答，因为予以肯定就意味着逆推儿童的性理论，逆推儿童所经历的自发冲动，逆推由器官感觉决定的发展过程。这种性理论的起源已经得到合理的详述，如果我们接受它，那么，如下事实就更有承认的必要：戏剧、梦以及多种形式的焦虑，可以象征性地表达本能知识，但是，对本能知识的阐述很明显还不够合理，不够充足。换言之，我们还必须要假定，这意味着需要某个东西插入阴道的感觉，或者从这感觉中产生的本能冲动，是作为青春期特征之一的强奸恐惧和小女孩幼儿期焦虑建立的基础。

我认为，许多梦境已经明确暗示出来，人们也可能提出的那个疑问，即是不是当阴茎首次冷酷插入阴道的时候才产生，在这里得到了回答：此类幻想是不会产生的，除非先前存在以被动接受为目标的本能。这其实是潜藏在本能之下的器官感觉。不过，此类幻想中的某种具体想法的起源，有时会通过这类梦里的某些联系十分清楚地展现出来。比如说，当患者普遍因害怕手淫有害而产生焦虑时，所做梦的内容偶尔是如下典型：她正在穿针缝衣，因忽然看到一个洞而感到羞耻，其实那只是针眼；在桥上过河或迈过桥上裂缝时，桥突然断裂；行走于光滑的陡坡上，忽然滑倒，可能顷刻间坠落悬崖。我们能够从这些梦推测出来，如果这些患者还是小孩且习惯于手淫无法自拔，那么，她们发现阴道的途径主要是受阴道感觉的引导；那种对本应没有洞的地方出现洞的害怕，正是她们的焦虑。

相比男孩，压抑自己的女孩会更容易且更频繁地进行生殖器手淫，至于其中原因，弗洛伊德已经给出解释。但我要指出，对他的观点，我从来没有完全采信。我们已经知道，弗洛伊德假设[①]阴蒂手淫相比阴茎会更让小女孩产生自恋或挫败感，于是她们更讨厌前者。如果考虑到驱动手淫冲动的力量有多么强，自恋的羞耻感似乎不足以成为自我压抑的理由。另一方面，女孩不进行阴道手淫或相关行为，一种强大的阻力可能是她害怕那样会给阴道造成不可补救的伤害。为此，她或者是只进行阴蒂手淫，或者对一切手动生殖器手淫行为一概厌恶和拒绝。早期的阴道受伤恐惧，会在带着嫉妒的与男性的比较中产生，我相信找到表明这一点的进一步证据不是难事。这种恐惧使这类女性患者频繁地对我们说：男性的下体竟得到了那样完好的保护！类似情形是，手淫所产生的最深刻焦虑，以及害怕自己不能生育的情感，均与阴蒂无关，而是与身体内部的某个部位有关。

---

① 参见弗洛伊德的《由两性解剖差异导致的心理后果》，载于《国际精神分析杂志》1927 年第 6 卷。—— 原注

这种观点也能够支持早期阴道性兴奋的存在，并证明它的意义。我们知道，观察性行为给儿童带来的影响是，令其产生巨大的性兴奋。这种性兴奋使小女孩产生的阴茎插入冲动的强度，等于小男孩被唤起的阳具冲动的强度。这种假设是在我们接受弗洛伊德的观点后势必要做出的，但我们必定马上又要问：那么，可能被巨大阴茎穿透的恐惧，是从哪里产生的？这种焦虑形式，几乎为每个女性患者所有。其实，阴茎过大观念的根源，必定在儿童时期已经产生了：她在看到父亲的阴茎时的惊讶程度，必定是非常高的。

还可以这样问：个体是从何理解性焦虑之象征意义中的女性性角色的？这些早期的兴奋，为什么会再次出现？在精神分析中，如果某事某物唤起了患者的“原始意象”，个体往往会强烈嫉妒和憎恨她的母亲，这又如何解释？那时的患者唯一能够分享的兴奋，如果真的只来自父亲，那么其发生过程又是怎样的？我认为，要对所有问题做出一种满意的回答，就只能假设在性交过程中阴道本身就扮演着一定角色。

完全概括以上所引述的资料，就可以得出这个假设。我现在就详细总结一下：性冷淡在阴道手淫之后的性交中伴随强烈的阴道高潮而产生；自发性阴道兴奋，没有局部刺激；性交中的性冷淡；由于理解了早期的性游戏、梦和焦虑的全部内容，开始进行反思并提问；强奸幻想；在早期窥见性交过程的反应；女性手淫所带来焦虑的某些内容和后果。

进行这种思考，就必须要联想到性冷淡的问题。我认为，怎样将力比多的感应性传给阴道[1]不是这个问题的恰当提法，而应是：对于强烈的性兴奋，为什么本来具有感应性的阴道却完全没有反应？或者，为什么其反应的程度微弱得不匹配性兴奋的强烈程度？而且，情感的刺激和局部身体刺激，是伴随性兴奋而产生的，为什么会这样？如果有且只有一种因素比对愉悦的渴望更强烈，那它必定是焦虑。

我们紧接着要回答的问题是：有了阴道焦虑，或者说阴道焦虑作为幼儿期条件性因素，接下来是什么？精神分析表明，一方面，有阉割男性冲动的女患者，对自己这种强烈敌意感到害怕；另一方面，因果循环又使她担心受到体内某个东西被破坏、偷走或取出的惩罚。可见，这种冲动焦虑的起源主要体现在这两个方面。我们现在已经知道，个体的近期生活并不是产生大多数此类冲动来源。幼儿期对父亲的憎恨、报复父亲的冲动，小女孩的失望之情和挫败感，才是它们的来源。

梅拉尼·克莱描述了一些内容，它们与这些焦虑相类似，早

---

① 按照弗洛伊德的假设，可能是阴蒂区域集中有强烈的力比多，结果，性的感应极难实现或根本不可能传到阴道区域。我可以冒险揭示出他理论的自相矛盾以解答这个问题吗？身体运动、演讲或思考这些过程，本来是没有性特征的，但弗洛伊德使我们明白，甚至它们也充满性色彩，以此强有力地说服我们人类是如何喜欢享乐的。事实上，这些经历的作用是使人苦恼或烦闷的，就像痛苦或焦虑一样。那么，是不是说，女性竟然不能在最能享受愉快的性交中把握机会呢？这种假设成立吗？我觉得这种现象是不可能发生的。海伦娜·多伊奇与梅拉尼·克莱因提出一个论断，说力比多从口腔转移至生殖器，对此我并不赞成。两者之间的紧密联系，的确已有许多案例证明了，但问题的关键在于将力比多视为可转移的是否恰当？或者问，认为口腔也属于生殖器领域的态度，是一种无法转变的态度吗？——原注

期产生的损害母亲身体的冲动念头是其最早来源。问题的关键仍然是害怕被惩罚。这种害怕的表现形式有很多，但其本质是担心某些事物变得非常危险，这些事物都是进入身体的东西，或者像食物、粪便、婴儿等本来已存在于体内的东西。

虽然各种形式的焦虑非常近似男孩的生殖器焦虑，但是，从具体特征来看，它们一开始毕竟只是倾向，最后才成为焦虑，并成为女性生理结构的一部分。关于它们的根源，我已经在本文和过去的论文中详加解释了，我在这里需要做的，只是加以完善和总结。

第一个来源是父亲跟小女孩有极大不同，父亲的生殖器跟孩子的生殖器也有极大不同。关于阴茎和阴道之间的差异，我们无须花时间去决定要不要通过观察得出结论，或者要不要从本能的角度来理解。本我中的焦虑感，有可能会被渴望自己被接纳、重视这一类幻想的任何一种唤醒，这是不可避免的，也是很容易理解的。此类幻想的目的是达到紧张，而它们的根源在于阴道感觉。生理学因素导致的女性气质焦虑和男孩子原有的生殖器焦虑（与母亲有关），我相信两者是不同的，而且我已在《畏惧女性》一文中指出这一点。“我的阴茎根本不能匹配母亲”，也就是说，男孩用幻想满足自己的生殖器冲动时，同时要面临的事实可能是自尊心受到伤害。另一方面小女孩面临的事实是身体部位遭到破坏，最后她们会为此寻找生理学基础，而且是不遗余力地寻找。生殖器自恋是男性恐惧女人的根源，但女性恐惧男性的根源则是她们自己的身体。

小女孩在看到某个成年亲戚来月经时第一次明白了女性身体的脆弱，这是女性焦虑的第二个具体来源。达理已经强调了它的普遍性和重要性[①]，当然，她还找到了一些关于阉割的解释，但那都是次要的！与此类似的情形是，女孩的焦虑程度会在她看到母亲流产或分娩时显著提高。对分娩和性交的恐惧，都可能是这种焦虑的表现形式，因为，在儿童的受压抑的头脑中，在成人的无意识中，性交与分娩之间有一种相当紧密的关系。

焦虑的第三个具体来源，也是最后一个来源，是我们在小女孩早期对阴道手淫行为的反应中发现的。同样，这种反应取决于她身体的解剖结构。对于手淫的影响，女性不能得到正确认识，而经历生殖器焦虑的男孩则不然，他总相信自己有十分完整的生殖器[②]。还有，小女孩的焦虑虽然没有现实基础，但她无法向自己证明这一点，反而在阴道手淫中再次感到了第二个来源中描述的事实[③]。我认为，主要由于这两个原因，这些反应对女性的影响比对男性的更长久。我通过精神分析看到了一种极常见的情形：在尝试手淫或跟其他孩子玩性游戏的时候，小女孩处女膜的一丁点

① 参见达理的论文《月经焦虑的起源》，载于《意象》1928 年第 14 卷。——原注

② 最应该考虑的是这些真实的情境，还有无意识焦虑来源的强度。比方说，如果男性包茎，则有可能增强他的阉割焦虑。——原注

③ 在这里，有必要回想一下妇科医生维尔海姆·里普曼的观点，尽管那不是精神分析学派的观点。他认为“脆弱”是女性的一个具体特征，详见其《心理之原理》。——原注

破裂也会造成较小伤害，或者令其感到疼痛[①]。

对这种焦虑的克服，如果有顺利的一般性发展，就能够令人满意并使个体认同自己的女性身份。这种顺利的一般性发展，比如，作为冲突之来源的儿童期的对象间关系还没有丰富起来。如果发展不顺利，则焦虑会在女性身上留下比男性更持久的影响。已有的事实使我相信，直接的生殖器手淫往往会被人们放弃，或者至少只用阴蒂手淫代替它，因为那个区域更容易触碰到。较少的焦虑伴随这种代替而生。某种无情的抑制作用，会经常性地屈服与阴道有关的一切，比如知道阴道是存在的、对阴道的感觉和本能冲动。一句话，患者之所以长期相信阴道不存在，是虚构的假设导致的。而且，小女孩是否更喜欢男性的性角色，也取决于这个假设。

阴道“不可发现”想法的背后，是不相信阴道存在。我觉得，上述一切考虑似乎都支持了这个假设。

目前仍然有待思考的问题是：对于女人的早期性方面，早期阴道感觉的存在或阴道的“发现”有怎样的重要性？对此，弗洛伊德没有清晰地论述。就算小女孩没有阴道感觉或阴道渴望，她也会把全部的注意力集中在阴蒂并拿它对比男性的阴茎，这种内驱力的根源在于，她需要具体的享乐，或需要有女性渴望。这一

① 这种经历通常能够十分清楚地通过精神分析展现出来。第一，在后来的生活中，个体一直影片上映般地回忆这种对生殖区域被破坏忆，为时可能有一个秋季那么长。患者在这些回忆中表现出的恐惧和羞耻感，并不是其原因能够造成的。第二，一种不可抵制的、避免发生这种伤害的恐惧，确有可能存在。——原注

事实，是我们在假定阴道感觉或阴道渴望不存在，而只从与阳具的比较出发，阴蒂区域集中着力比多是唯一能够理解的事实。因此，早期阴道感觉的存在明显是一个有力证据，能够支持小女孩具有初级阴茎嫉妒（其生理决定的）或最初的阳具器官的假设——当然，前提是阴道保持着最初状态，即“未被发现”。如果小女孩真的相对处于劣势，那她们明显会产生自己很脆弱的感觉[①]。另一方面，早期的阴道感觉和相应冲动，如果从一开始小女孩就有了，她对自身性别角色的具体特征的感觉必定一开始就是大不相同。而且，这样一来，弗洛伊德所假设的原始阴茎嫉妒将很难说得通。这些我已经推测到了。

对女性整体的性概念而言，初级阳具性欲假设影响重大。现在，我已经在此文中论述了这一点。如果我们不完全拒绝初级阳具性欲假设同时却假设一种具体的、初级的阴道性欲是存在的，结果至少将是强烈地束缚前一假设，从而很难理解我所说的那些结果。

① 阴茎嫉妒的基础，海伦·达伊奇已经通过逻辑论证过程发现了，见其载于《国际精神分析杂志》1930 年第 11 卷的文章《受虐狂症在女性精神生活中的重要性》。——原注

十　心理因素之于女性性功能失调

妇产科医学领域的学者们在过去三四十年里一直在讨论影响女性性功能失调的心理因素，现在仍有很大的分歧。有一些研究者承认情感因素确有某种影响，却又说体质、腺性[①]或其他生理条件决定着它们的影响，也就是说，他们倾向于认为心理因素只有很小的影响。另一方面，也有研究者倾向于认为影响很大。支持这种观点的人认为，假孕、阴道痉挛、性冷淡、月经失调、充血等显著的性功能失调基本上都是源于心理因素，而且，与其怀疑早产或晚产、某种子宫炎、不育和白带多等现象是不是病症或失调，似乎不如相信它们就是心理因素产生影响的结果。

一个无须再置疑的事实是，心理变化可以引起生理变化，帕罗所做的实验已经提供了证实它的基础。胃的分泌情况可受食欲刺激的影响；心脏跳动的节奏、肠的蠕动会因恐惧而加快；作为害羞的一种表达方式的脸红是血管舒缩的改变。这些都是我们已经知道的。对于刺激的传导途径，即从中枢神经的刺激到外周神经器官，我们也了解得很清楚。

这些联系还是比较简单的，从它们转到心理冲突会不会引起

① 腺性，某一分泌腺的性能，一般指增生与否和分泌量是否正常。——译注

痛经这种话题显得太突然了。我却认为，方法论才是两个话题的根本差异所在，而不是过程本身。一个刺激某人食欲并测量其胃腺分泌物的实验情境，或者一个使人恐惧并测量其分泌物的实验情境，都可以准备出来，但是，引起痛经的实验情境是无法准备的。通过实验研究痛经的潜在情感过程似乎是做不到的，因为它是那么复杂。而且，即便你能够准备那样的实验情境，也不会得到任何具体结果，因为被试者所处的情感条件虽然足够复杂，但痛经却不是单一情感冲突的结果，它的前提条件总是一系列的情感，而且是在不同的时间基础上才能建立起来的。

因此，几乎不可能通过实验来了解这些问题，要揭示某些情感力量与某一症状（如痛经）之间的联系，可行的方法必须要在过去使用的方法中寻找。我们要了解具体某位女性的情感结构，了解其症状在何种程度上与情感有关，唯一途径是详细了解女性整个的生活历程。

我认为，精神分析是心理学学派中唯一能够提供较高科学精确性分析的学派。对于情感因素会不会造成性功能失调这个问题的科学探讨，必须要知道哪些心理因素在实际生活中发挥作用，知道它们的本质、内容和动力等，而这些知识只有通过精神分析才能获得。

关于这个方法的细节，我在此不想多说什么。在精神分析过程中，有一些情感因素由于是理解女性性功能失调的关键点而不可或缺，我只想对它们作一个简要说明。

我讨论的起点是一个多次吸引我注意的事实。在工作和人际交往中，我的女患者们有的感到焦虑，有的出现强迫症，有的有神经症，有的有抑郁症，有的得了压抑症，还有的有人格障碍，这些心理障碍使她们经常来我这里接受心理分析。每一种神经症都扰乱了她们的心理性生活，而且，在一定程度上严重阻碍着她们与男性或孩子的关系。这些患者的类型各不相同，但令我吃惊的是，每种神经症之下的每个患者都有一些性功能失调，只是程度不大相同，比如性冷淡、阴道痉挛、月经失调、瘙痒、疼痛、渗液等。看不出这些症状有什么器质性基础，但一旦找出背后的无意识冲突，症状就不见了。说明心理性起源的例子是各种忧郁症恐惧，比如对癌症或其他异常的恐惧，比如一些出现在怀孕和分娩过程中的担忧。

这就引出了如下三个问题：

（1）心理性生活失调，女性性功能也失调，这虽然有惊人的一致性，但真的正常吗?

一个分析者的优势来自对大量案例的全面了解，但他毕竟是一个人，即便付出全力，能够接触到的案例也不多。因此，我们所发现的结果或许可以用人类学事实和其他观察方法来证实，但还需要妇科医生帮忙，让他们回答我们有所发现的频率问题和有效性问题。

她们当然需要时间和心理学方面的训练，然后才能进行这种探索，但可以肯定的是，将精力从实验转投到心理学训练，有助于把这个问题解释清楚。

（2）我们在假定这是一种正常的一致性之后，就可以说体质或腺性条件是这两种失调的共同基础了吗？

对这些复杂问题的详细分析，我现在还不想做，我唯一需要指出的是，出现情感性失调不一定同时存在着性功能的问题。这是我自己观察得到的结果。例如，有些女性性冷淡，很讨厌自己的女性角色，而且其态度具有一种典型的男性气质，她们当中的一些人，在声音、头发和骨龄等方面表现出了更男性化的第二性特征，然而，就生活习惯而言，她们大多数是非常女性化的。一组人有男性气质，一组人有显著的女性气质。如果你对比这两组，就能发现冲突起源于情感改变，但是，冲突具有体质基础的只有第一组。我相信，体质因素与两性态度之间存在联系的假设将是错误的，除非我们知道了更多前者对后者的具体影响。而且，如果人们忽略心理因素基于这种假设进行治疗，后果将会带来危险。这种危险就出现在汉尔斯和斯库兹合编的德语版现代妇女科学教科书中，出现在作者曼斯所描述的一个案例中，一个女孩痛经已经半年了，她居然想用这种方式治好它。曼斯从她口中得知，一次舞会使她感冒了。当曼斯发现她开始跟一个男人发生性关系，她说那个男人唤醒了她的性兴奋，但她同时又恼怒于他。曼斯建议这个女孩放弃他，因为他认定她属于这样一种女性类型，即在性关系中不会有快乐的“雌雄不分型”。女孩尽力听从曼斯的建议，结果，连着两次不痛经了，后来又开始疼痛了，因为她旧情复燃了。

这种基本的治疗理论，其基础似乎是非常肤浅的知识。我看到它便想起了《圣经》中的那句名言：“如果眼睛使你跌倒，你就把它剜出来丢掉。”

临床心理学能够提供的最好办法是，对体质因素引起的冲突进行心理水平观察，对那些相同的却没有体质因素起作用的冲突，要进行特别观察。

（3）“某些心理态度与某些器质性的性功能失调之间的具体关系，真的存在于心理性生活之中吗？”这是对我现在要讨论的第三个问题的准确陈述。可惜，这种简单说法不适用于人的本质，我们所掌握知识的程度也不足以使我们给出明确的结论。某些基本的心理性冲突其实是所有这些患者所共有的，而她们都有不同程度的性冷淡——至少是过渡性的——这一事实与这些冲突相对应；与之一般性相关的是某些性功能症状，而在这些症状中起主导作用的是一些具体的情感因素。

基本的性功能失调是性冷淡，要从中看出心理态度的如下典型特征，总不是难事：

首先，女性性冷淡者对男性的态度是自相矛盾的，这态度总包含着怀疑、敌意和害怕，而且它们几乎是隐藏起来的。例如，一个患者在潜意识里主张应该杀死所有男性，因为男人都是罪犯，她还认为，已婚女性都是英雄。她认为，性行为中到处是血，充满痛苦，这种想法自然会让她产生那种观念。你所看到的这种对抗状态一般已经披上了一层伪装，因此，人们要真正了解患者对男性的真实态度，只能以她的行为为根据，而不能相信她的陈述。喜欢男人、倾向于理想化男人的言辞，可能经常从女孩嘴里吐露出来，但你同时可能会发现她们已经无情地抛弃了自己的“男朋友”，而且没有任何明显的理由。一个代表性的例子是，我有一位患者，名为 X，她跟男性的性关系没有哪一次能够超过一年，尽管期间维持得非常好。她一般会在较短时间之后开始越来越恼怒男人，最后的结果是，她完全不能忍受了，于是抛弃男人，找到的那些借口都很随意。事实上，她已经在刻意回避男性了，因为她已经意识到了自己对男人的强烈敌意，她害怕自己有一天会伤害他们。

潜意识中敌意的直接表达就是性冷淡，而且，达到精神分析的某些高级阶段，即揭示出心里厌恶男性的新来源时，可能你就找到了性冷淡的准确起源；你还可以知道性冷淡是怎样结束的，那时你已经克服了这些冲突。如果你想在某种程度上获得这些清晰印象，经历下述情形即可：

偶尔有些患者是这样的：她们对自己的丈夫口口声声地表达着喜爱之情，但是，如果对她们日常生活行为进行深入调查，会发现里面包含着微弱的敌意。根本地蔑视丈夫，贬低丈夫的长处，不再关注他的兴趣，退出他的朋友圈，提的经济要求过高，为了争取权力而冷战，这些都是敌意的微小信号。

一般情况下，温柔、感情、爱这些特质与性之间联系的紧密程度，女性强于男性。男性的性冲动则相反，可能无关他们对女性的爱。也就是说，对他们而言，性生活是性生活，爱情生活是爱情生活，两者显然不是一回事。所以，在极端的情形中，即便是一个自己不喜欢的女性，男性也可与之发生性关系。但是，他的性欲有可能不会被真正喜欢的女性激起，甚至阳痿早泄的问题都可能出现。男性心理与女性心理之间的显著差异，在此也得到了表现。

在没有能力献出自己或接受性爱时，大多数女性可能很容易直接流露出潜藏的敌意，这是为什么？因为可能存在显著生理学原因导致她们的性情感生活与整个情感生活的关系比较紧密。不必有多么深刻的根源，她们就可以对男性产生这种防御态度。有些男性在某些情况下能够比较成功地克服女性的性冷淡，但那要求他们能够唤醒女性的温柔。但是，女性必须把它的根源暴露出来才能消除这种敌意，因为它们在其他许多情况下隐藏得很深。

你可能会发现，在后一种情况中男性在儿童早期就已经具有了反抗情感。对精神分析理论有过多了解，并不是理解早期生活经验之深远影响的必要方法，我们只需要弄清楚的是：第一，性爱情感是儿童天生就具备的；第二，儿童的性爱情感的强烈程度远远超过受压抑的男性。

观察这些女性的历史就会看出，她们的爱情生活包含着记忆深刻的失望。如果她已经对父亲或兄弟产生依恋，那么他们后来给她造成的失望就会尤其严重。除此之外，令人失望的还有被偏爱的兄弟，或者像下述案例中的情形一样。这位患者在十一岁的时候诱奸了自己的弟弟，过了几年，弟弟在一场流行性感冒中死了，从此之后强烈的内疚感困扰着她，甚至在她三十年后过来接受精神分析时，依然相信弟弟是因她的诱奸而死：弟弟的手淫是从被她诱奸开始的，而手淫最后导致弟弟死亡。她对自身女性角色的憎恨就是这种内疚感作用的结果。她渴望着成为一个男人，夸张一点说，她对男性的态度一直都是嫉妒。于是，只要能够让男性失望，她都会不遗余力去做，而且她有了强烈的阉割幻想，成了十足的性冷淡者。

顺带说一句，该案例也可以给我们一些启示，让我们理解阴道痉挛的心理起因。这位患者的处女膜是正常的，其丈夫并非无力性交，但是，她的处子之身是结婚四个星期后被一位外科医生破的。她对女性角色的强烈厌恶，对那由于嫉妒男性而产生的阉割冲动的防御机制，部分地表现为阴道痉挛。

无论这种对女性角色的厌恶的起源是什么，它通常会造成很大影响。在一个案例中，患者对弟弟的嫉妒已经摧毁了她的整个生活，而对她与男性关系的破坏尤其严重。这种嫉妒就是由于父母偏爱弟弟而产生的。渴望成为男人的她在梦和幻想中扮演着男性的角色，这种强烈渴望也发生在性交过程中，而自己时常也能意识到。

另一种更重要的冲突，即个体与母亲或姐姐之间的冲突，也能在这些女性性冷淡者身上找到。差异更明显的，一般是患者对母亲冲突的情感。开始接受治疗的时候，这些患者有时会承认自己跟母亲的关系很积极健康，这话甚至是对她们自己说的。也就是说，她们渴望得到母亲的爱，可是，她们的实际行为往往是违背母亲的意愿。这种观察结果可能她们自己都会感到惊讶。在其他情况下，憎恨情感也公开表现出来。对于这种冲突，她们自己也有意识，但要问里面的本质性原因，她们就不知道了。至于它们是怎样影响自己心理性生活的，她们也一无所知。当性生活和性快感在她们身上产生积极作用时，她们的母亲却一再禁止那样做，这种禁止可能是冲突的根本原因之一。对于这些冲突的普遍性，一位人类学家最近在关于一些原始部落风俗的报告中给出了如下解释：女儿会在父亲死去后留在屋里，但儿子却害怕父亲的亡灵会敌视并伤害他，因而选择离开；母亲去世后，女儿和儿子的表现刚好相反。对报复相同的恐惧，都通过这种风俗表达出来，对女性性冷淡进行精神分析也可以发现这种报复和恐惧。

有人可能会问：这些冲突如果患者自己都没有意识到，又何谈它们的存在，何谈它们所起到的作用，你凭什么那么确信？问这种问题的人应该不知道精神分析的过程，对他们来说，即便可以给出一种答案，也是难以理解的。当患者原来就有的非理性态度被精神分析者唤醒或激起，精神分析者就成了这种态度的承受者。比方说，患者 X 就对我有一种情感性的态度，而且那是她的自觉行为，只不过这种态度总是混合着其他的一些恐惧。但是，她幼儿时对母亲的憎恨,会和这种态度一同爆发出来。在诊疗室里，她恐惧得发抖，投向我的目光带着某种情感，就好像我是一个凶残恶魔的化身。在这些情境中，她显然已经在我身上表达了原有的对母亲的恐惧。母亲让她难以接近，于是她感到恐惧，至于这种恐惧在她的性冷淡中起到的重要作用，我是通过一件特殊的小事知道的。她是一个十足的性冷淡者，我在她经过一段时间的精神分析治疗不再表现出性压抑时出差两周。回来后她告诉我，有一天傍晚，她和一些朋友聚会并喝酒了，酒后就不记得发生了什么，不过她强调饮酒量没有超出平时最大量。但她的男朋友告诉她，她那时兴奋度特别高，要求做爱并达到了高潮，她还大声喊道：

“终于不用再让霍尼给我治疗了。”就好像她取得了胜利一样。前面已说,在她的幻想中母亲是难以接近的,现在她也消失了。所以,作为一位女性，她已经不再有恐惧，并被爱情包围着。

我还承受了另外一位患者的恐惧，她先是阴道痉挛，后来又出现了性冷淡。她过去的恐惧也是指向她母亲的，还有比她大八岁的姐姐。恐惧情结破坏了她与男性发生性关系的好几次尝试。在这种情境下，她往往把怒火转嫁给我，有时甚至产生了是我剥夺了她与男性发生关系的幻想。有时候她也是理智的，就是说，她意识到我在想方设法帮她调整，但是很快她旧有的对姐姐的恐惧又占了上风。当她与某位男性第一次发生性关系时，她马上会做一种焦虑性的梦，梦的主要内容是姐姐在追赶她。

每个关于性冷淡的案例都会掺杂其他心理因素的作用，而且，其中的一些的确与性冷淡有某种联系，对于某些其他的性功能失调来说也是重要的。现在我就要说说这些因素的影响，但不会深入探讨那种联系，而只是指出那种重要性。

首先，手淫带来的恐惧，既会影响身体过程，也会影响心理态度。众所周知的是，几乎任何一种疾病，只要它与手淫有关，就可以认为是由手淫恐惧引起的。对手淫伤害自己生殖器官的害怕是这些恐惧的一般具体形式；自己成为一个已被阉割男孩的幻想，与这种恐惧联系在一起。它体现自身的不同方式，可能是以下几种：

（1）一种模糊但潜藏得很深的恐惧，起因是害怕自己“不正常”。

（2）在抑郁性的恐惧和没有实质性基础的疼痛、分泌体液等抑郁性病征的驱使下，她们去看妇科医生，要求医生给出建议。为了更进一步，即恢复良好感觉，她们接受建设性的治疗，或者听从某些安慰。但是，她们事后会再度抱怨，因为再次感觉到了自然恐惧。有时候，她们感到自己的身体有毛病，要治好它，基本办法就是做手术。也就是说，这种恐惧会诱使她们非做手术不可。

（3）恐惧的形式还有可能是对永远不能生孩子的忧虑，原因是自己对自己造成了伤害。这种联系有时甚至能十分清楚地体现在幼小的女孩身上，但即便是她们也常常表达出觉得生孩子很讨厌和从不想要孩子的想法。这种厌恶情感对她们来说其实代表着她们的一种“酸葡萄”反应：早些时候想有好多个孩子，却办不到，后来这种渴望在上述恐惧的作用下被她们否定了。当然，事后你才会明白这些。

生孩子的愿望可能关联到许多无意识的冲动倾向，自然的母性本能可能会受到某些无意识动机的阻碍。关于这一点，我不想详加阐述，我只想说怀孕和成为母亲可能具有重要意义，因为这两件事对那些强烈渴望成为男性的女性而言，是女性成就的代表。

至于假孕，这可能是生小孩的渴望得到无意识强化的后果，然而可惜的是，我从未遇到过这种案例。肯定有一种短期闭经代表着不惜一切生养小孩的渴望。那些经常焦虑和抑郁的女性，一旦怀孕就会变得非常开心和平静，这是每个妇科医生都知道的事实。怀孕在她们那里是获得满足的一种具体形式。

从我记忆中的案例来看，得到强化的想法，不是生孩子、照看孩子、抚爱孩子等，而是怀孕本身和怀胎本身[①]。怀孕状态在她们身上体现出一种价值观，那是非同一般的自恋。我记忆中的这两个案例，都出现了难产问题，因此，对一些晚生案例的原因的唯一解释，或许就在于身体想要孩子的无意识愿望——虽然不能立即下结论，但至少可以谨慎地这么说。

有时候，临盆而死的强烈恐惧是发挥作用的另一种因素。对于这种恐惧本身，可能是有意识或无意识的，但是，恐惧者从来不能意识到恐惧的真正起源。从我的经验来看，患者原有的对怀孕母亲的对抗是这种恐惧的一个基本成分。我想起一位患者，她的这种恐惧特别严重，她回忆说：她用多年的儿童时光焦虑地监视着母亲是不是又怀孕了，在街上她一看到孕妇就冲动地想去踢其子宫，自然地，她也有对被报复和自己不幸怀孕的担忧。

另一方面，有一种因素可能能够缓和母性本能，那就是对小孩的无意识敌意冲动。一个趣味十足的问题是：这些冲动对充血、早产和产后的抑郁可能会有怎样的影响？

现在，让我们重新回来谈论手淫恐惧的问题。我已说过，患者的恐惧可能源于她对自己身体被破坏的想法有了意识，而抑郁症又是这种恐惧的一个可能后果。对手淫的态度可能是这些恐惧的另一种表达方式。不正常月经的出现可能验证了这样一个假设：这些女性由于受伤害的想法而痛恨自己受伤的生殖器。换句话说，她们认为流血和受伤，两者之间的联系十分紧密。据此不难推断出月经过程在她们那里从来都不是自然的，她们极其厌恶月经。

① 怀孕指将有小孩的消息，怀胎指腹中已有小孩的事实。——译注

我从这里又联想到了经血过多和痛经的问题。当然，任何局部原因或其他器质性原因在我所谈的案例中都不存在。力比多紧张不断强化这一心理过程与生殖器官的生理过程相当，承认这一点是理解一切性功能月经失调的基础。处理这些月经失调对一个心理性发展比较平衡的女性来说不会很棘手。但是，这种平衡几乎是大多数女性都无法成功保持的，结果，强化到临界点的力比多紧张就成了最后一根稻草，压死了骆驼。

患者在这种紧张的压力下会勾起幼儿期的所有幻想，那些关于流血过程的幻想尤其会被唤醒。它们的内容所涉及的性行为，一般是冷酷、流血和疼痛的。我发现，对那些月经过多和痛经患者中的每一个来说，这种幻想都起着决定性作用。痛经开始发作的时期，不是青春期，就是她们开始接触成人性爱的时候。

让我提供几个例子来尝试说明这问题。我有一位患者，每次在想到性交时，她月经都异常的多，与此同时，她总是想象自己在流血。我们通过精神分析发现，这种想象的决定因素是儿童期的某些记忆，不过，除了这些记忆，还需要某些激发条件。算上她，她家中一共有八个兄弟姐妹，她是年龄最大的。婴儿出生的情景，是她最害怕回忆的情景。母亲的尖叫声，她亲耳所闻，从母亲房间里端出的血，她看到了好几碗。对她来说，临盆、性和血这三者之间存在如此密切的旧有联系。有一天晚上，她在看到母亲肺部出血时，甚至都立即联想到了母亲临产时出的血和母亲的婚姻。幼儿时期所产生的性生活必出血的印象和幻想，也会被她自己的月经勾起。

这位患者的痛经症状也很严重。对于自己实际性生活伴随着各种虐待狂幻想这一事实，她自己也完全有意识；眼见或听闻残酷行为就唤醒性感觉这种情况，她也意识到了。她用“好像我身体内部有什么东西被撕裂了一样”来描述她月经时的疼痛感。这种具体表现形式的决定因素就是幼儿期的幻想。据她回忆，性交中的男性会撕破女性体内某个东西的想法，在她还是小女孩的时候就产生了。痛经是这些旧有幻想从情感到行为的转化。

我阐述心理性因素的思路不同于自己一般的医学思维，这个原因使我的阐述听起来好像是纯粹幻想的结果，尽管它们可能不是出自真正的幻想。人们若想让自己的判断超出情感层面，那么，用事实进行检验是唯一有效的科学途径。我已经揭露出来的这些想法，或许能够起到解释具体心理根源和消除症状的作用，但是，症状的消除只在揭露过程中实现，至于事后能否痊愈是该过程无法证明的。而且，要达到相同的结果，采用任何其他技术性建议都可以。

其他科学领域怎样进行科学检验，在这里就应该怎样进行。运用自由联想的精神分析技术来做出判断，但这些判断要用结果是否相似来验证，如果不相似，则没有什么科学价值。

我倒觉得，妇科医生想要获得情感因素与性功能失调之间关系的明确证据，还有另外一种方法。比如留一些时间给患者，让她们自己注意到自己的内在冲突，那么，至少将有一部分冲突由她们揭露出来。在我看来，在治疗方面这种方式是有直接价值的。医生要做出正确的分析，必须先接受充分的精神分析训练。无论主要手术还是次要手术，其敏锐程度都不如让患者自我揭露的过程。要拓展在次要心理治疗——包括解决最近冲突，分析清楚冲突与症状之联系——领域内已经做出的工作，将是轻而易举的。人们必须要看出这种可能性唯一的不足，那就是：只有具备了

广泛的心理学知识之后，才能避免犯错误，尤其是避免那些情绪性错误，即由于情绪已经超出个人应对能力之外所犯的错误。

十一　母性本能中的冲突

对于母亲先天的教育能力，人们在最近三四十年里的评价是大相径庭的。养育孩子的一个绝对可靠的指导因素，就是母性本能，这是大约三十年前的一个观点，可是它没有足够充分的证据，于是出现了另外一种观念，就是强调有关教育的理论知识与母性本能同样重要。很可惜它比母性本能更有效这一观念的保障，即便有了科学教育的理论工具，也不能完全提供出来。现在，母子关系中的情感作用成了我们新的强调对象。但是，对现在的我们来说，模糊的本能概念并不是可以依赖的基础，有哪些情感性因素在影响一种理想态度，这些因素源起哪里，这样明确的问题才是基础。

通过分析母亲而发现多种冲突，并不是我在此讨论的目的，我只想把一种特殊构型尽力展现出来。在该构型中，母亲对自己孩子的态度是她与她父母之间关系的反映。我想起这样一个例子：患者三十五岁，是一位智慧精干且非常有个性的老师。总的来看她一点心理失衡的问题也没有，但她也曾前来求助于我。她有两个难题：其一，得知丈夫背着自己搞外遇，这自然对丈夫有了敌意，但受教育和职业的强化，她的道德水平很高，总是宽以待人，她对这敌意的反应是，不再信任丈夫，也显然无法接受自己，这影响了她对生活的态度，并给她的生活笼罩上阴影，结果她得了中度抑郁症；其二，她十三岁的儿子处于严重的焦虑状态中，患有一种严重的强迫性神经症。对儿子这种神经症进行精神分析，看到了他对母亲的反常依恋。她曾一度圆满解决这两个问题，但五年之后它们又复发了。问题最初显现得非常隐蔽，她说有一些男学生对自己流露出了过分温柔的情感——事实上我们已经找到某些男孩爱慕她的证据。她反思到：是不是受到了这种激情和爱情的刺激，她的问题才会复萌？她对这些学生的态度是不是出了什么差错？对于这种激情和爱情，她有过于情绪化的反应，为此十分自责，甚至谴责自己到无法自拔。令她难以相信的是，前来咨询时她认定我会指责她，可我却没有。我尝试这样解释以安慰她：在这种情境下，没什么不正常的，毋庸置疑，如果一个人比较潜在的本能发挥了作用，他完全可能在某个领域努力工作，并取得真正开创性的成果。但我们还是不得不寻找这些关系中更内在的情感来源，因为我的解释没能缓解她的焦虑。

事情发展到最后，首先是性本能在她情感中的地位非常突出。她接受分析时，有一个二十岁的男孩陪伴着，结果她对他产生了真正的爱情。与这位平静又自制的女性斗争的，竟然包括我这个心理分析师，这真是十分反常。她的斗争还包括，与过去的一种冲动，即想爱上相对不成熟男孩，以及作为她爱情关系之绊脚石的所有传统——在她想来，这些传统是唯一阻碍。

我后来又发现，这个男孩并不是她爱情的集中投射对象。之前其他男孩都代表了她的父亲，而她觉得眼下这个男孩明显也是如此。当她看到他们全都具有的某种生理与心理倾向时，就会回忆起自己的父亲，而且当他们出现在她的梦中，要么是变成父亲，要么跟父亲一模一样。她一步步认识到有一种对父亲的潜在而浓烈的爱，就隐藏在她青春期的竭力反抗行为背后。个体明显偏好年长男性的这种表现一般是由于对父亲的固恋，因为父亲似乎可以用年长者来代表。在这种情形中，幼儿期的年龄与这种偏好呈现出反向相关。为解决自己的问题，她尝试采用了如下幻想的形式："我虽然是小孩子，但年龄不至于小到没有父爱，可是我长大意味着他变小，那样我就会成为父亲的母亲。"[①] 她还能回忆起她父亲去世时，她特别想像一位母亲一样躺在他身边并抱住他。

通过深入的分析，我发现她对父亲的爱转移给了两个层次的接受者，第一层以她的儿子为代表，第二层是与她儿子岁数相近的那些男学生所代表的。使自己不再注意到所选性爱对象为乱伦是那种情趣转移的目的。对父亲的爱转移后，主要变成对儿子的爱，后一种爱有两种形式，一种指向儿子本人，另一种指向她的学生，因此她对学生的爱是对自己儿子之爱的一种逃脱。每天收到男孩的一封信已经成为她的坚持，如果收不到，她就很焦虑，因为她感觉到自己对儿子的巨大紧张感会在意识到对其他某个男孩的激情时减弱很多。这样迅速减轻对自己儿子的过重情感负担的方式刚好是一个证据，表明了现在这个男孩以及之前的其他男孩是怎样代替她儿子的。她与丈夫之间的关系也带上了明显的母子特征：丈夫变得比她年轻，人格变得软弱起来。对她来说，夫妻关系的

① 可对照许多老年人像小孩一样需要女儿或别人安慰和照顾的现象。——译注

意义在她儿子出世时就消失了。事实上，她儿子之所以在青春期就患上了严重的强迫性神经症，就是她对儿子的过重情感造成的。

人一出生就有性欲了，而不是到了青春期才有，这是我们的一个基本的分析观点。因此性的特征已经出现在早期爱情中了。动物的异性相吸正是性欲的表现,人类的性欲也是如此。我们发现，女儿本能地感觉到父亲对她有一种巨大的吸引力，而儿子的本能感觉指向母亲，这些正是性欲在童年时期的表现。这种来源不至于给个体造成冲突，另外起作用的因素是儿童对父亲或母亲——与自己同性——的竞争和嫉妒。上述案例已经告诉我们，这种冲突起作用的方式是悲剧的，而且跨越了三代人。

我看到这种从父亲到儿子的情趣转移的案例共有五个，案例中的个体往往都觉察不到自己对父亲情感的复活，但在一个案例中，个体意识到了自己对儿子情感的本质。母子关系的情感内容中一般只有比较强烈的会被意识到。就这种关系的本质而言，它将给人带来困扰，幼儿关系中转移到父亲身上的，不仅有乱伦的成分，一度还有敌意的成分。人们只有认识到了这些才能理解这种关系的特征。而且敌意与乱伦存在着必然联系。嫉妒、挫折和内疚感所起到的效果是不可避免的，这效果就是敌意情感的某些残留挥之不去。女性把对父亲的感情全都转向儿子的话，会把爱和旧有的敌意——两者一般被压抑着——都转给儿子。过分的焦虑是爱恨冲突的一种可能表现形式。令这些母亲烦乱的是她们总会看见自己的孩子有危险，担心疾病、传染病或车祸等不幸会降临在孩子头上。这是一种近似疯狂的关心，也伴随着夸张的恐惧。

我们谈到的这位女性在想到儿子可能面临无数危险时，保护他的方式是完全埋头照顾他。在儿子还很小的时候，她会先行对所有将靠近他的东西消毒，后来甚至会暂停一切工作而一心一意地照顾儿子，原因只是儿子有一丁点的不舒服。

在其他案例中，这类母亲由于害怕伤害自己的儿子而不敢触碰儿子。有两位女性为了照顾自己的小儿子还专门雇了一位保姆。家庭预算本来不包括这笔费用，而且请保姆也会给家庭带来一些情感麻烦，但是保护儿子实在是太重要了，于是她们宁可请保姆。

对乱伦之爱的禁止是此类母亲的爱的一个特征，也是她们过分照顾自己儿子的这种态度的另外一种原因。儿子被带走的威胁经常困扰她们，例如，有一位女性梦见站在教堂里，一些可怕的女神即将夺走抱在她怀里的儿子，她却无力反抗。

一般起源于母女之间嫉妒的一种复杂情形，也出现在固恋父亲的案例中。如果女儿正在走向成熟，母亲与之形成某些竞争也是十分自然的。但是，母亲对女儿的敌意由于自己的俄狄浦斯情结而过分强烈时——一般开始于女儿的婴幼儿早期——这敌意就会采取一种怪异的方式。一般性的恐吓、尽力嘲笑和贬低女儿，还有避免女儿对男人产生吸引力或与之约会，确立隐秘目标以阻止女儿的女性角色发展，这些行为都可能是这种敌意的表现。没有必要详细说明里面的整个心理机制，因为它是一个简单的基础结构，尽管它各种表现形式背后的嫉妒是很难窥探到的。

当一位女性意识到自己严重依恋母亲而非父亲时，就会不断表现出我所分析的这类案例中的一些特征。现在我们不要考虑这个复杂问题。在某种原因的作用下——比如母亲的恐吓，希望由于父亲或兄弟而完全毁灭，早期经历的产生恐惧的性行为，发现弟弟比她更受偏爱——一个女孩可能在很早就开始厌恶女性世界了。这种情形是很有代表性的。她对自身先天性别角色的逃脱，其阿尼姆斯倾向和幻想的产生与发展，正是由这些原因造成的。

对男性的某种竞争态度，在阿尼姆斯建成的时候立即产生，原先对男性的恨也会加重。一位女性如果有这样的态度，明显就不宜结婚了。她们是性冷淡者，控制自己不满和阿尼姆斯倾向的渴望，可能正是——举例来说——这不满和倾向的表现形式。她们结婚生子后，对孩子的依恋可能会极其夸张，孩子所具有的那种所谓被封闭的性本能正是对这种依恋的一般描述。不能说这种描述不对，但它完全没有解释具体过程是怎么回事。个体在尝试克服某些早期冲突时所表现出来的具体特征，在我们意识到上述发展的起源时就清楚地显现出来了。

体现女性的阿尼姆斯倾向的是她们对孩子的主要态度。这态度或者是绝对控制孩子的渴望，或者因为害怕控制过严，对孩子的宽松处理。一方面是对孩子一切事情的窥探，一方面是由于害怕显露出性虐狂倾向而不予干涉并保持被动，这两种极端都有可能表现出来。女性可能会教育孩子说：男人都冷酷无情，女人总是受害的一方；女性是一种让人又怜又恨的角色；月经是一种病甚至是“祸根”；性交中的女性是男人情欲的牺牲品。这些说教都是由于对女性角色的憎恨。孩子——似乎尤其是女儿，其实对儿子一般也差不了多少——任何的性表达，都是此类母亲无法容忍的。

就像其他母亲依恋儿子一样，拥有男性气质的母亲往往过分依恋着自己的女儿。作为回报，女儿往往也会强烈依恋母亲，结果，对于自己的女性角色，反倒逃脱得越来越远。有些女性发现在后来的生活中自己很难与男人保持正常的关系，正是由于这些因素。

双亲留给孩子的形象和扮演的角色或许可以通过另外一种重要过程被真正且直接地再次唤醒。孩子在婴儿期和青春期的爱和恨都指向父母。婴幼儿恐惧，也指向父母。当我们的个性中吸纳了父母的可怕形象——即“超我”的无意识部分——就形成了我们良心之诸多形式中最典型的一种。

当幼儿变成孩子时，可能也会继承对双亲的、伴随着依恋的旧有恐惧，还有可能因此感觉到一种巨大却不清晰的威胁。这种情形在我们这个国家似乎特别真实，因为这里面有一些原因是相当复杂的。父母这种恐惧的表现主要有两种形式，一种是害怕孩子指责他们的喝酒、抽烟和性交等行为，一种是可能没有给孩子提供合适的教育与训练的持续担心。后一种形式的原因是父母内心深处觉得对不起孩子。于是他们过度放纵孩子，以避免遭到孩子的反对，再不然就公开表达对孩子的敌意，采用了攻击性的防御手段，这是受本能驱使。

截止到现在，我还没有全面讨论完这个论题，有许多结果是间接冲突造成的，即孩子与外祖父母之间的冲突。但是，把如下这种方式清楚地展现出来才是我的目的：在这种方式中，患者的旧有形象，孩子或许能够相当直接地代表，结果是过去曾出现的相同情感反应，强制地被再次刺激出来。

人们可能会问：“我们可以改善自己对孩子的指导，改善养育他们的条件，但在这些努力中，哪些才是有实用价值的呢？”对任何孩子来说，分析患者母性角色的冲突都是最好最有益的方法，但这只是适用于单个案例，这种方法很难得到更广泛运用。但是，我们已经通过分析这些少数案例得到了一些详细的知识，我觉得这些知识中或许能够说明，未来的工作确实需要遗传因素来指明方向。还有一些知识是关于病因学因素的伪装的表现形式，了解它们的好处是，在当前的实际工作中探测到它们将变得容易一些。

十二　太过看重爱情

考察目前的一种一般化女性气质类型

眼下，女性确实一直在为了自身独立、拓宽兴趣和活动范围的要求而努力，而那些持怀疑论者的大多数却认为这些努力是没有意义的，除非出现经济萧条。他们进一步剥夺了这些努力的一切价值，说这样做违反了女性的内在特性和自然趋向。他们还有一个意见，该意见与马雷伊·帝特利西的著名颂歌《除了爱我一无所知》有一定程度的吻合，那就是：男性或母亲身份应该是所有女性思想的实际归结点。

多种社会学观点自发浮现在我的脑海中，但在这里却不必过多论述它们，因为它们有时是不言自明的。无论对女性的这种态度是在什么基础上建立起来的，也不管怎样评价它才是对的，可以肯定的是，它代表着家长制所要求的如下理想女性：作为一个女人，她有真心爱一个男人同时被他爱的强烈渴望，一旦爱上这个男人的一切举止她都表示崇拜，甚至会辅助和模仿。持有这种意见的人认为，女性具有一种倾向性，它决定着女性的特质，而且这种倾向性是遗传的和本能的。但是不能在实际生活中接受这种观点，原因主要是，生理因素的表现形式不可能是十分客观的或毫无掩饰的，它一般是不断变化的，随着周围环境、风俗传统等因素的变化而变化。在《母亲们》一书中，布力伏尔特也提出了很相近的看法：不应过高估计理想和信念、情感态度和所谓本能作用下“继承传统”等因素的影响。[①] 但是，“继承传统”对女性意味着应该缩小她的主要活动的范围，只参与性爱和作为母亲的活力等。坚持继承传统，既能满足社会的需要，也能满足个体某些日常活动的需要。至于社会方面，我们先不予讨论，从个体心理学的角度来看，只有两点需要指出：其一，男性遇到的某种程度上的不方便，有时就是由这种心理结构造成的，但在另一方面，该结构可能作为一种来源一直支持着男性的自尊。然而，女性的低自尊是经历了许多世纪之后形成的，因而在挑战和压力面前，她们的精力与时间不必浪费在开发其他能力和自我效能上，也就是说，这种心理结构对女性来说无疑已经变成一个宁静的避风港。女性自身的各种焦虑有时也是这种心理结构引起的。因此，现在渴望独立发展自身能力的女性的确可以遵从这种冲动去做事，但要付出挑战外界与自身的代价。当然，这只是从社会学的观点进行分析，还需要说明，女性唯一的角色就是性角色这一古老思想得到强化之后才产生了自身与外界的对立。

但是，现在就认定这种冲突是一切大胆做事业却不愿放弃女

① “在原始社会，整个社会发展的基础，是按照性别进行合理的劳动分工，但是，这种情形随着工业革命及社会随后的不断发展而自然消失了。翻身的女性成了主要的生产者，在经济角度上说，她们的生产性，由于柔弱而对男人的依靠，逐步淡化乃至消失了…… 最后，只有她的性这种经济价值被保存下来。”参见 R. 布立伏尔特的《母亲们》（伦敦，1927 年）第 2 卷 253 页。——原注

性气质的女性都具有的，还为时过早。而且，女性地位如果没有改变就不会产生这种冲突。它所涉及的女性只包括：准备着或正投身于一项事业中；以独特的兴趣爱好为追求；渴望自身人格能够独立发展。

关于这种冲突的存在以及存在的必然性，可通过社会学的观点有全面了解。更广泛地说，它们的许多表现形式和更深远影响，借助这种观点也能够认识到。在它的引导下，人们开始理解女性以下两种对立态度产生的原因：一边是一个极端看法，即对女性气质的完全否认；一边是对思维、工作等领域的一切活动完全排斥。

在一个具体案例中，为什么冲突的形式是特定的，冲突结果的实现形式为什么会固定为一种？这种冲突为什么能够使某些女性病倒？什么东西阻碍了她们自身潜力的发展？造成这种结果的必要个体因素有哪些？它们的具体结果是怎样的？这些问题一提出，就确定了这一领域的研究范围。这些问题都关乎个体的命运，当你思考探究它们时，就实际地进入了个体心理学即精神分析学的领域。

对诸多女性精神分析中遇到的某些特定困难——并非从社会学角度——引导我们观察到了这些冲突的结果，并迫使我们考虑，是怎样的具体因素造成了这些困难。在这方面，我自己有七个案例，还有其他一些案例是我通过精神分析会议了解到的，这些案例就是我现在这篇报告的基础。这些患者中的大多数，行为并没有表现出冲突，其中有两位表现出抑郁特征，其行为模式偶尔看似是疑病焦虑，但都不典型。还有两位患者偶尔发作并被诊断为癫痫病。然而，在这些案例中每个患者的症状都有某种外露的困难；而患者与男性、与工作的关系，跟每种情形中的困难都有关。对于这些问题源起自身人格特性这一点，患者们自己都有清楚意识，那是这种情况频繁发生促使他们看到的。

但是，要找准这里面真正涉及的问题绝非易事。最初印象的作用只是使人认识到与男性的关系对这些女性来说十分重要，让她们建立起一种无限长久且满意关系的尝试从来都没有成功。她们建立起来的关系或者是尝试性的，结果完全失败；或者构成一个系列，但都为时很短。它们最后都会破裂，原因要么在于男性，要么就在于患者自身。而且从这种关系来看，患者当初的选择并不充分。即便为时更长、更有意义的关系能够建立起来，最后往往也会失败，这种情怀失败的原因就是女性方面的一些态度或行为。这些案例中大多数患者的表现，是她们同时会抑制自己的工作积极性和取得的成就，在一定程度上，显然不具有相关的兴趣。这些困难在某些条件下能显现出来，于是她们可以意识到，但是部分患者却不能意识到，她们要完全看明白，得等到精神分析结束后。

对某些敏感性不足的患者来说，问题的关键不是抑制一切爱，而是完全过分专注于男性了。我是在对她们的分析治疗进行了比较长的一段时间后才明白这一点的，好像只有“我一定要有一个男人”这一种观念控制并困扰着这些女性，而且，她们特别重视这种观念，以至于它得到了极度夸张的发展，使她们竟然全盘接受一切类似这一观念的思想。生活中的其他内容，在她们看来反倒没有什么价值。她们当中的大多数在过去是具有某些能力和兴趣的，现在她们却觉得它们毫无意义。因此可以说，影响她们与男性关系的冲突虽然存在，但有办法减轻一大部分。然而，它们有些让人难以忍受才是问题的真正所在，因为在她们的爱情生活中，它们被强调的频率太高了。

在一些情形中，对患者进行精神分析，首先会出现来源于工作方面的压抑和压抑强化。同时，患者与男性的关系在分析其焦虑情绪——由性造成的——的过程中得到更好的维护和改进。对于这种改进，患者本人和她的亲戚朋友给出了花样繁多的评价。一种评价认为改进意味着发展和提高。有一位患者，她在接受精神分析治疗后女性气质十足，也愿意考虑结婚了，并完全不再感兴趣于科研。她的父亲看到女儿的这些变化后很是高兴，这正体现了上述评价。另一种评价是形式多样的抱怨，比如：精神分析虽然帮她建立了与男性的一种更好关系，却抹除了她原先在工作中的高效率、较强能力和更大快乐，而且，与男性伴侣之间的关系成了她现在唯一在意的关系。这些抱怨总是出现在咨询过程中，而且确实需要深入思考。还有一种极大的可能是，这种情况只说明人们错误地预测了精神分析和心理治疗的结果。当然，只有一些案例中的女性——而非所有女性——发生了这种结果。那么是什么因素决定了结果的特定性质？有没有可能这些女性的部分问题由于被遗忘而没有考虑到？

最后，对自己表现不正常的恐惧是这些患者共有的一种显著特征，只是有的多有的少。在性欲和自己与工作关系两个方面出现了这种恐惧。一种普遍存在的、异样的或自卑的情绪，以一种更抽象和普遍的形式通过这种恐惧表现出来。而患者认为是一种内在的、无法改变的人格特征导致了这种情绪。

要澄清这个问题，必须一步步来，至于其中原因，有如下两种解释：第一，完全把自己奉献给男性是生活的唯一目标，这是我们基于女性立场对真正女性气质提出要求的总标准，而这种现象在很大程度上反映了这些标准。第二，精神分析师自身也制造了困难，他的主要任务一般是帮助患者驱除在爱情生活中的困扰，因为他极力强调爱情生活的重要意义。当问题呈现出来，而那些患者又强调自己生活的重要性时，分析师很愿意在患者陈述之后进行分析。比方说痛痛快快去南方的海岛旅行一次是某位患者此生的最大梦想，当他把这梦想告诉自己的心理分析师，并意识到了该梦想所带来的内部矛盾和冲突，他特别希望通过精神分析解决这些问题，而分析师接下来会这样问："这样的旅行对你来说如此重要，您能告诉我为什么吗？"当然，这种旅行比性欲更重要这种对比，显然是既不充分又不全面的。但是这个对比让我们轻易看出，我们对异性经历重要性的认识往往使我们在一定程度上是盲目的——尽管这认识本身没有错，也是恰当的——甚至让我们疯狂般地过度强调和过高评价。

这些患者行为差异的双重性，通过这个角度的分析显现出来。她们对男性的情感实际上相当复杂，不过可以概括为一种强迫性的过度重视，就是说，她们认为生活中唯一有意义的事情就是与异性的关系。（当然，我的这个描述是比较直接的。）另外，她们已经设想了自己的天赋、兴趣、能力是怎样的，也设想了这些东西可能带来的成就能够实现自我满足的程度，但实际达到的程度远远超过了她们的设想。因此，我们重点论述的领域将从为了获得成就的奋斗转移到性活动。在最后的精神分析中，自我满足一个重要的来源确实是性欲，它还有可能是最重要的，但同样可以肯定，它不是唯一重要的来源，也不是最可靠和最值得相信的。基于这一原因，我们所拥有的关于价值观的上述虚构实际上是客观的。我这么说已经考虑到了在价值观领域人们可能讨论的客观事实。

对女性精神分析师来说，可以激烈竞争和求助于有关异性关系的活动[①] 这两种态度主导着整个情趣转移情境。对她们来说，她们的进步和成长往往是由于精神分析师的成功，而似乎都不是她们自己努力的结果。我能记起这样一场精神分析：主题话疗反而使我想告诉患者，不是我真的不想治好她，也不是因为我担心她的竞争，才会建议她移居另一座城市。还有一位患者，每次我正确地解释了她的表现，她的反应都是指出自己工作能力有待提高。还有一位，每次我对她的治疗将有所进展的时候，她都向我表达歉意，因为她占用了我很多时间，并且，这种反应成了习惯。然

① 不同患者有可能对一位男性精神分析师产生相同态度，或者就像弗洛伊德的描述一样，情趣转移情境有可能维持得更短暂，或更长久。有两个案例：案例一中，精神分析师主要是母亲和姐姐的代表（但是，最后确定是否如此时，必须参考患者自身的特点，因为这种代表不指所有情境）；努力建立男性与分析师自身之间关系的愿望，是案例二中那种患者表现出来的典型特征。——原注

而她们固执地想要让分析师失败，这种愿望几乎是上述消极而极扫兴的抱怨遮掩不住的。她们强调不应该认为是精神分析带来了治疗的成功，而应归因于其他现实因素，精神分析师要为事情在任何坏方向上的任何发展承担责任。在自由联想的过程中，她们经常会遇到各种困难，主要原因在于：对她们来说，自由联想意味着自己的投降和分析师的胜利，而且，分析师治疗的成功很依赖她们的自由联想。总之是分析师起不到任何作用，这就是她们竭力想说明的问题。其中一位患者的幻想是这样的：她特别渴望住在我对面的建筑里，并在我的住所的显眼处贴了一张刻着“唯一优秀的女精神分析师住在这里”的告示，那是她亲自刻上去的。她向我表达了这种极度的渴望，表达方式带有玩笑的意味。

在心理治疗中，情趣转移方面的另一种态度是，在显眼的地方显露出自己与男人的关系。在这种关系中扮演着一定角色的男人往往是一个接一个的，而且一开始只是接近，后来才发展为性关系。同时，她们对他为何会那样做或什么也不做、他喜欢还是讨厌我、我的反应是怎样的这些问题的解释，都会占用将近一个小时，而且，即便是很小的细节问题，她们也愿意花费时间且不会厌倦。这个事实表明患者在进行某种形式的情感发泄，但隐藏在这种发泄背后的阻抗并不会立即表现出来。有时候，患者试图把自己很满意的跟某位男性之间的关系——对她来说还可能是目前最重要的一种关系——显露出来，因此这种阻抗反而会被遮掩起来。这种尝试符合精神分析师的目的性期望，我认为只是她们进行各种发泄的一种游戏。要识破游戏并在一定范围内限制发泄一般是很容易的，只要我们的思考和分析能够更深入一步，并用更广泛和适用性更强的知识来解读她们的具体问题和情趣转移反应。

具体说来，这些患者在这种活动中十分明显地表现出了以下三种倾向：

（1）“你我之间的任何爱的关系我都不得不避免，因为对你的依赖是作为女人或母亲的我所害怕的。我的感情依恋不能体现在爱中，而要体现在男人身上，只有这样才能逃离本身就有不同程度依恋性的爱。”有一位女性显然属于这种问题类型，对她的精神分析从一个梦开始，她在梦中想来接受分析，却在门外与一位男性相遇,结果两人一起离开了。可以看出她对精神分析师有所保留。患者往往会用这样的借口为自己的这种态度辩解：她觉得分析师只是对她的爱进行分析，而不会给予任何东西，这只会让她在爱中白白沉醉一场。

（2）“我已经表达了我对你的爱，但这更多是因为我希望你会依恋我，而且我是想让你心生嫉妒才去尝试关注男人。”表明了嫉妒是激发爱情的最崇高方法的信念，患者的这种信念扎根很深，大部分情况下是潜意识的。

（3）“见到我与男人的关系，你其实就是嫉妒。为了阻止我得到男人，你一直在费尽心机堵死我的一切可能途径。你甚至不希望我具有吸引力。我不想让你如意，我要明白地告诉你，你并没有完全成功！”精神分析师帮助患者，往往是由于理性上的意愿，甚至有时根本没有这种意愿。在现实生活中，帮助别人来让自己觉得有成就感和开心，其实是许多人想要的。这是直接而客观的事实，冰层迟早会被时间打破，人们到时会感到惊讶和震撼。也就是说，自信的、理性的超级结构确实存在，然而患者真实的焦虑和不信任感，以及对分析师的憎恨总会表现出来；比如精神分析师失败时，她就会强烈指责。其指责会拓展为分析师应对所有事情负责，根本不应该主动干预她的病情，可见这种憎恨有的时候几近于妄想狂。

现在，我们可以基于以上考虑做出如下假设：一种非常可怕的、十足的、同性恋倾向，是有关男性行为的最关键部分，而且，在病理学上向男人寻求庇护的现象正是该倾向所引起的。事实上，男性和女性被同性恋——在真正男性气质的意义上说——激发出来的努力不过是一种有意识的表现而已，就女性而言，同性恋同时使女性的如下特征显露出来，即在处理自己与男人的关系时浮躁，不具有明显的选择性。同性恋有一个主要特征就是对女人的这种自相矛盾情绪的必然结果。患者为什么必定会逃离同性恋而转向男人，为什么会在精神分析师表现得如同母亲时产生怀疑、厌恶、憎恨等情绪情感，至此也得到了解释。

这种解释似乎是临床实践的研究结果不能有力驳斥的，但这只是在驳斥刚开始的时候。确实存在的、符合成为一个真正男人的渴望的一切行为模式，会在睡梦中表现出来，但真正男人的行为模式在白天的实际表现却很不相同，而且是一种伪装。一些比较典型案例中的女性认为，成为一个男人基本上就是成为同性恋，所以她们完全拒绝这些行为模式。其具体特征也是这样。同性恋关系的基础会体现在个体一生中的某些时期，不同时期体现的多少不一。而且在一般情况下，初级阶段是这种关系的发展上限。另外，从多个患者的案例来看，女性之间友谊所起到的作用其实是微不足道的。若要比较有效地分析这些现象，几乎可以考虑任何一个易识破的伪装同性恋的防御策略。

基于无意识同性恋倾向确立起来的一切论述，在这些案例的实际分析治疗中都宣布彻底无效——人们总有一天会忽然吃惊地发现这一事实——这就从另外一个方面说明，其他更准确的解释的确有可能存在。一个完美答案见于有关情趣转移状态的另外一个案例[①]。

我有一位患者，她不断送鲜花给我，在接受心理治疗之初还是匿名的，后来索性公开了。我的解释是：第一，她表现出了酷似男性追求女性的行为模式；第二，她打算把自己的侵略性完全显露出来，于是先送我这些礼物作为补偿。对于第一种解释，这位患者笑着说她承认，但她依然如故。第二种解释也没有对她起到什么作用，但在自由联想中她十分明白地说道，一个人可以通过送花的方式让另一个人依靠他，就在这时，第二种解释奇迹般起作用了。她紧接着想象出来的故事是这样的：她直率地告诉我，她希望成为我的情妇，不管什么事情她都愿意且做到令我满意，这会让我开始依靠她，这种依靠逐渐加重，最后变成了完全的信赖，

① 这些患者想要变成男性的渴望，完全与任何对象无关，我经常向她们证明这一点，但从她们较灵活而单纯的反应来看，她们好像觉得我用同性恋这个术语，是在“责怪”她们。每次都是这样，无一例外，对此我一直很惊讶。——原注

最后，她会在某一天在我的咖啡里下毒。我从中看到了一些比较有破坏性的信息，这些信息就深藏在她希望别人依靠自己的愿望背后。她对这个想象故事的概括是：“爱情等于一种谋杀”。实际上，这是对这一类人的一个典型想法的概括。事实上，我觉得这类人的某些特征，已经通过这个例子揭示得极其清楚了。她们对“第二性”罪恶感的体验就发生在她们分明意识到女人的性冲动时。因此在情趣转移情境中，在分析师如同是一位母亲或姐姐时，她们的一些本能特征必定会带有破坏性，控制和摧毁是其最终目的。这使我看出并主张所谓“同性恋”具有严重的误导性：事实上，同性恋所表达出来的那种态度往往与性目标有关。就算同性恋掺杂着有些破坏性的因素，破坏性所指向的性伴侣也都是同性的人。然而从目前的案例来看，与破坏性冲动有关且关系很不紧密的因素只有力比多冲动。类似青春期性元素所遭遇的不幸，混在同性恋里的性元素也会遭遇到。考虑到后者的内部原因，患者要跟男人建立一种宜人的关系根本是不可能的，更何况一直存在着许多自由运动的力比多。为什么一般情况下女人是力比多的承受者，原因就在这里；此外，在其他方面还有一些原因，对它们的分析放在后面。

同性恋还具有一种比较积极的因素——尽管在所有这些案例中都未能变成现实——就是它的冲动除了指向其他女人，还指向她们自己的男性气质。同样，借助力比多的联系来消除破坏性冲动所有危险性的努力也未能成功。从这些案例来看，并不是所有女性都表现出了性领域的、温情的，甚至友好的情感，原因正在于此，对于同性恋的焦虑，这些因素都只能给出部分解释。

然而这种解释的合理性还不够多，也不够充分，稍微观察一下那些在治疗中得到成长的女性就会发现这种不足。在这些群体中，我们的确能够观察到对女人的攻击性倾向，而且该倾向确实很常见，就像在情趣转移情境和日常生活中一样常见，但是在那些有无意识同性恋的女人身上也能观察到类似倾向。因而不能说对这些现象感到焦虑这一因素具有相当的关键性。我个人倒倾向于认为是一种较早出现且影响巨大（且不论因为什么）的对男性忍让屈从，这些在女性的同性恋方面的成长过程中发挥着关键作用，这样一来，跟其他女人在性方面的竞争被她们推到了靠后的位置。进一步说，她们一方面“联合”了性欲冲动和破坏性冲动，另一方面仍有破坏性倾向，并试图用爱情来过分补偿。我们所说的群体实际也是这样做的。

在我们的印象中，这种过分补偿似乎不会发生在这些女性身上，即便发生，她们也觉得完全不重要。我们还发现，患者会持续跟其他女人竞争，不仅如此，这竞争还呈现出日益恶化的趋势。她们从不放弃赢得一个男人的最终目的，因而这种对憎恨的焦虑和对报复的各种恐惧就一直存在，而足以阻止它们的力量是她们所没有的。维持现状的策略，有一定的价值和意义：不只情感领域，其他领域的情趣转移状态也体现了主要源于竞争的对女人的强烈憎恨，但是，这憎恨尤其能以一种投射形式清楚说明自身属于情感领域。主要原因是，她们的女性类型的发展或在女性领域中的成功，不但是令人生畏的母亲难以容忍的，有嫉妒心的母亲或姐姐更难容忍，后者尤甚。当然，承认这种不可容忍，也就假定精神分析师阻碍患者与男人关系的印象是一种基本感觉了。

我们若要完全理解患者鼓动男人对抗分析师的真实目的，只能以以上观点为基础。这目的具体表述为：患者要让心怀嫉妒的母亲或姐姐知道，在占有或赢得一个男人这方面她可以有所作为，并不缺乏能力。然而，她需要破坏自己的良心，或以焦虑为代价，才能实现这个最终目标。这其实是一场没有硝烟的、暗中进行的斗争，因为对挫折的憎恨——或者外露，或者隐藏，形式多样——也已经出现。如果分析师一味分析却不留给患者表现自己与男人关系的空间，患者就很容易产生抗拒心理——尽管是无意识的。这样解释：分析师是在禁止和否认我与男人的关系。对患者的情感来说，分析师偶尔强调患者建立与男人关系的愿望离开精神分析就会落空的这种做法，意味着分析师现在是母亲或姐姐，并总是压抑着她在自尊心驱使下想做女性的意愿。分析师好像在说："你真没用，你一点吸引力也没有，男人是你吸引不来的，也是你得不到的。"不过，她只证明自己能行的反应，倒不难理解。年轻一点的患者也存在这种嫉妒，比如坦言对年轻这一优势的看重，直言不讳地说分析师的年龄偏大。这就突显了这些年轻患者的相对重要性，因为对一个男人的渴望，对女孩来说是十分重要的，也是合情合理的，而这是相对较老的分析师根本理解不了的。家庭的影响在俄狄浦斯情结层面上反复出现的形式几乎是千篇一律，例如，患者一旦意识到自己正在跟一个男人维持正常关系，就多少有种背叛分析师的感觉。这绝对不是巧合。

实际上，出现在情趣转移中的情况的清晰原版，一般总是出现在患者后来生活中。为了让另外一个女人崇拜自己，患者一般总会不遗余力。这个对象也有可能是男性，唯一的要求是她与他在某方面有瓜葛，至于其他品质，她很少去考虑。对于符合这种特征的男人，有严重焦虑的患者总有一种情感，那情感是绝对禁忌性的，因为通过最后的精神分析我们可以推测，大多数情况是：此类患者所得到的男性，可能是从某个女性手中夺来的。有一个案例中的患者就是这样，由于过于执迷，她最后在情感上讨厌所有男性。而另一位患者则主要是跟她的一个姐姐展开竞争的。与那个男人首次发生性关系之后，她做了一个焦虑性的梦，姐姐在梦中满屋子追赶着她，充满了极大的威胁。人们早就熟知持续竞争在病理学领域中的形式了，故而我在这里不打算说得太详细。另外一个已成公论的客观事实是：绝大部分的性欲压抑和冷淡与破坏性竞争所引起焦虑有关。

最根本、最关键的问题是：到底是什么原因使得强烈的竞争性态度会不断增强，并赋予了这种态度一种强大的破坏性？

这些女人在童年早期对一个男性——父亲或兄弟——争夺中，都位列第二。回顾她们的过去经历不难看出，具体表现为这种特征的因素在整个争夺中扮演着显著角色，发挥着明显影响。我所掌握的十三个案例中，七个符合这种情况。重要的是“姐姐”可以轻易得到爸爸——在不同的案例中，还可能是哥哥或弟弟——的宠爱和疼爱。姐姐似乎有多种不同的策略，只有一个案例除外，里面的姐姐比妹妹大很多，也得到了父亲的宠爱，她如果要阻止父亲对妹妹的关注，显然不必发挥其他特殊本领。精神分析的研究表明，作为患者的妹妹，在情绪上会表现出对姐姐的极大憎恨。这些憎恨的集中表现一般有以下两个方面：一方面，当事人的姐姐或妹妹曾凭借着自己的骚情成功赢得父亲、兄弟或其他男人的疼爱，有鉴于此，这种憎恨指向女性的骚情；另一方面主要是指姐姐们对患者的不友好。在前一方面的案例中，极强的憎恨甚至最终使得患者在花言巧语方面长期得不到进步，因为它使患者被迫采取自我防御的方式，并完全不在意这个方面；平日里太吸引目光的衣服不穿，舞会和任何涉及性的活动都不参加，足见患者的自我压抑。在后一方面，我们只能逐步确定憎恨的整个范围。我们最后对它的理论概括是：姐姐由于比妹妹岁数大而有更强的体质和更聪明的头脑，因而可以用直接的方式威胁妹妹，即发挥这些优势。这种直接威胁因时而异，具体说来有：当妹妹努力让自己变得更性感时，羞辱性地加以嘲笑；通过性游戏的方法警告妹妹不要靠近自己，这方面绝对真实的案例有三个或四个。不难看出，后一种方法所留下的烙印将带有极深的憎恨，因为在性的依赖关系被触碰和产生罪恶感这两部分原因的作用下，年幼孩子的各种防御都被攻破了。实际上，极明显的同性恋倾向就体现在这些案例中。其中一个案例的主角是一位母亲，一群熟悉的男人宠着这个魅力极大的女人，这样一来，父亲只好对她千依百顺。而另一案例中的父亲则三管齐下：一是宠爱姐姐，一是与同楼而居的一位亲戚保持暧昧，一是尽可能招惹其他女人。

在另外一个案例中，父亲、儿子们和经常同楼出入的不同男子，着实把目光投注在年老犹俏的母亲身上。案例中的患者有一个大她几岁的哥哥，他得到了母亲的专宠，相比跟女孩的关系，他跟母亲的关系更好，但女孩还是在五岁到九岁这几年里，在性方面一直和他哥哥亲密无间。后来，男孩到了青春期，由于男孩的母亲的关系，他突然断绝了跟女孩的关系，断绝当时就像发神经一样。这是此案例中的一个非常复杂的因素。还有一个案例，在患者才四岁的时候父亲就开始在性方面亲热她，后来，即到女孩青春期的时候，甚至公开化、透明化了这种关系。但与此同时，父亲对母亲依然在各个方面大献殷勤，存在疯狂的依赖，而且能够敏锐感觉到其他女性的吸引力。这最终使这个女孩确信自己只是一个供父亲发泄的工具，父亲随时可以完全冷落她，比如繁忙的时候，或者注意到其他女性的时候。

我们之所以说这些女孩在童年时就为了吸引男人而不断进行残酷的竞争，正是考虑到了上述情况。但是，这种竞争或者一开始就会让人大失所望，或者最后只以失败收场。需要指明，一旦涉及父亲，小女孩在家庭环境中的常见命运一般就都是失败。然而，母亲或姐姐出现并操控全局会引发突然而激烈的竞争，或激起对父亲或兄弟专有的幻想，主要就是这种竞争或幻想使得这些案例的结果十分特殊和超乎寻常。除此还有一种因素，它不是直接操作性的，关于它及其价值，我会在讨论另一种联系时给出说明。相比一般案例中患者的性发展，性冲动的影响对这些案例中大多数患者的性发展更加直接和急剧，因为，她们的早期经验会受到其他人或事所激起性兴奋的辐射性影响，不过程度因人而异。早熟的生殖器兴奋所带来的这种经验的强烈性和深度一般都超过其他途径得来的肉体愉悦（比如肛门的、口唇的或肌肉的性欲）。一方面，生殖器领域的重要性因这种性经验而增高，另一方面，它们可以作为前提条件，使这些女性比较早期和完整地认识到“男人争夺战”的重大意义，当然，这种认识也是发自本能的。

然而，从另一个角度看，持久的和破坏性的“应与其他女人竞争”的态度，可能就是由这种斗争导致的。而且，类似被征服者长期憎恨征服者并容忍相应自尊心伤害的心态，必定也包含在每一种竞争性态度中。于是，在接下来的竞争活动中，被征服的地位必将是不怎么理想的，她最终会觉得——也可能是无意识的——对手的消失是她唯一必须把握住的机会，以求在这场征服中获胜。更准确地说，在我们所阐述过的案例中也有一些线索，从它们也能够预测出即将发生类似的结果。就女性的自尊来说，在自尊长期波动的情境中，在对那些较幸运对手的愤怒中，都可能存在被蹂躏感和受压迫感，最后，患者部分或完全克制了自己跟其他女人的竞争。全部案例都显示出了这一点。当然还有另外一种可能:受伤害的一方越是感觉到挫败,就越专注于对手的消失。受伤害者似乎在说“你消失是我自由的唯一必需”。

这种憎恨如果很大一部分是前意识水平的，那么会是其他女人来承受当事者情欲失败的责骂。如果当事者存在较深层的压抑，要追问这失败的原因，就可以从患者自己的人格入手。两条道路只能二选其一，这是憎恨那些征服胜利者的必然结果。自我摧毁式的抱怨，会混入一种源于被压抑憎恨的内疚感。压抑一种态度反而对另一种态度的强化，甚至还有一种态度改变另一种态度的方式，都经常清楚地体现在情趣转移情境中。患者的罪恶感将因为深深压抑了自己对母亲或姐妹的憎恨而大大强化。如果对其他人的憎恨忽然增加了，其原因可能是患者不断减少了对自己的责怪。因为在她心里必须要有人分担她自己的不幸；这也只能在自己与他人之间二选其一。无论选自己还是他人，都是非此即彼的态度，相比而言，更受到抑制的是错在自己的感觉。

在精神分析之初，一种令人痛苦的疑虑——是不是自己应为建立并维持与男人的满意关系的失败负责——的表现形式并不这么直接，而经常是：大部分事情原来并不像现在这样发展的。这种观点普遍存在，也就是说，患者们所承受的焦虑，总是源于是否“正常”的疑虑。这种焦虑感偶尔会变成一种恐惧感，即先天器官残缺的担心。不遗余力强调自己是正常的，是针对这种恐惧的偶尔的防御表现。如果患者的某些特征表现出了这种防御性，那么精神分析在她们看来往往是可耻的，因为它使一切事情偏离原来应有的状态。相应地，她们力求绝对不泄露精神分析的过程。同一个患者的心理态度可以在两种极端之间转变：一个极端是一种失望，即非常基本的问题就连精神分析都无力改变；另一种极端是相反状态，无条件相信一切都好，因而觉得无须接受分析治疗。

在意识水平中，“绝没有男人会喜欢难看的我”这种观念是这些疑虑最常见形式。这是一种相对独立的信念，与事实究竟如何无关。例如，实际上很漂亮的女孩也可能具有这种观念，具体说来，可能是她相信自己头发太直、手或脚太大、身材极胖、太高或太矮、年龄太大、肤色难看等，这些缺陷可能是真实的，也可能是想象的。同时，一种埋藏得很深的羞愧总与这些自我挑剔结合在一起。例如，有一位患者曾经长期苦恼于自己的脚，甚至是深受折磨，于是她匆匆去博物馆与那些雕塑的脚对比，如果真是自己的脚更难看的话，她就感觉自杀也是有必要的。还有一位患者，她费尽脑汁也想不通，自己的脚趾明明不难看，可面对丈夫为什么深感羞愧，其实，那纯粹是她自己的感觉在作怪。还有一位患者，她曾绝食了几个星期，因为她的兄弟说她的胳膊太胖了。这种感觉在某些案例中与服装有关，就是说，患者认为自己要有魅力，就必须有漂亮衣服，否则就不可能。

人们试图竭力驱除这些恼人想法的过程中，服装所起到的作用也极其重要，并取得了一定成功，却没能永久维持下去，因为这个领域还有疑虑的侵入，患者水深火热的煎熬就是由疑虑产生的。人们觉得，简直不能忍受缺少衬托出自己漂亮的衣服。同样近乎难受的是，穿着某一套衣服的人，却觉得是它让自己显得太胖，或看上去明显过长或过短、太俗或太雅、太青春靓丽或太跟不上时尚潮流。事实上，服装对女性的重要性和意义一旦得到承认，羞愧、怀疑及至憎恨等不恰当影响无疑就随之而来了。比方说，一位患者觉得一套衣服显得她太胖了，那她自然会产生要撕破它的想法。在其他案例中，裁缝是这种自然憎恨的针对对象。

有一位患者说："我觉得女人没有任何的价值…… 以我来说，改善处境的办法是变成一个男人"。说这些话的时候，她的形体动作还表现出了一些显著的男性特征。由此可知，成为一个男人的渴望，也是为了达到防御的目的。第三种和最重要一种意在防御的手段是，反复证明自己取悦男人的能力与魅力。这里出现了类似的情感：许多事情会让自己脸上很无光，也让人由衷地小觑，例如没有男人、从不与男人发生任何关系、是一个老处女、不结婚，等等。相反地，自己的崇拜者、朋友、情人或丈夫都好，拥有男人这件事，至少是“身为正常女人”的多方面证明。患者正是基于这一原因才疯狂追求男人的，而这对男人的唯一要求是维持她是个男人的状态。一种显然更好的情况是，男人还具有其他品质，只要能够提高女人的满意度即可。对男人不加选择的态度——是男人就行——是很令人吃惊的，也明显不符合她在其他方面的水准。

这种防御目的类似于对服装的态度，同样难以实现，就是说，不管这些女人想证明什么事，最终都会失败。因为她们是排斥跟男人的恋爱关系的，即便愿意跟许多男人恋爱，她们总能编出排斥的理由。这些理由比如：愿意跟这个男人恋爱的女人，放眼看去只有我一个；他根本没有什么可称道的；“他现在这副样子是我逼出来的”；“如果不是我非常聪明或者我在某一方面特别值得他重视，他才不会爱我”。

人们的性器官焦虑——主要指手淫可能已经伤害到自己身体的担心——一般会在精神分析过程中暴露出来。体现这些恐惧的观念往往是很特殊的，比如处女膜已被破坏，比如不能怀孕生子是手淫所致[1]。手淫以及与之相联的回忆总是会由于这种恐惧的沉重压力而完全被控制住、压抑住；在任何情况下，大多数当事人给出的一种典型理由和解释是她从未手淫。对手淫的放纵，在另外一些案例中出现在生命的最后阶段，但是强烈的罪恶感和失败感也会紧随其后。

一般地说，在伴随有关手淫的特殊防御而产生的显著虐待狂幻想中，能够看到这种防御的实质。对一个女人来说，这种幻想造成严重伤害的形式有多种多样，结果，禁忌、煎熬、打击和羞辱不断施加在女人身上。需要补充说明一点，受伤害的还有女人的生殖器。最后要提及的幻想起作用的，在心理动力学方面，这方面的幻想是最关键的一种幻想，压抑在心里最深处。从我的个人经历来看，即便某些残酷的策略在混同作用中暴露了手淫幻想，这种幻想也几乎不会直接表现出来。但是，要重新构建它却是办得到的，只需以如下数据资料为基础：在那个觉得衣服肥大而显得自己胖就扔掉的患者的案例中，对患者而言这种行为明显跟手淫无异。但这只是一个方面，在另一方面，她紧接着产生了自己近乎谋杀犯并急需抹掉一切作案痕迹的感觉。进一步说，她感觉到肥胖好像跟怀孕是一回事，并想起了母亲在她五岁那年怀孕的情景。她随后意识到了自己的内部冲突，这是精神分析师的怀疑必定会引发的结果。另外，她还自然产生了撕碎那件衣服如同是

① 人们经常有在最深层次上与手淫联系在一起的焦虑是后一种的印象，但是，对其数量的判断的准确的支持性证据，至今也看不到。对每一个女人来说，她最明显而强烈的、同时在大多数案例之初被藏得很深的渴望，就是对孩子的渴望。——原注

撕自己母亲的性器官的感觉。

另外还有一个患者，她已经完全克服了手淫的习惯，但她每次在痛经的时候都会产生身体似乎要从内部裂开的感觉，这感觉是与手淫相关的。而且，要堕胎的消息会让她马上体验到空前的性兴奋。丈夫从她身上取走东西的场景会在她的童年回忆中出现。她的较高性兴奋也会被任何强奸、谋杀的报道激发出来。女孩性器官被破坏或施手术而流血这个特定主题，总是在各种反复上演的梦境中出现。有一次，一个女孩居然会接受老师的教训，要知道如果换成是精神分析师或患者所憎恨的母亲，她定是要做出刚好相反的事情的。

有关破坏性冲动的情况，即极端夸张了的焦虑，也可以在其他患者身上的一种类似遭到报复的担心中推断出来。对自己表露女性性功能同时流血并感到痛苦的担心，正是这种焦虑的表现。

如果我们总结一下以上阐述就不难发现，童年时期指向母亲或姐妹的破坏性冲动，一直都具有持久的力量，这力量无意识地活 动着，而且其形式从未改变。对于这些冲动的影响和作用，梅阿尼·科莱辛曾始终如一地加以强调，告诉人们，这是一种极具争论性的、容易惹怒却不易平复人心的竞争。最初指向母亲的冲动似乎在说："你跟父亲的性关系或为他生孩子是不对的，你做这些事情就要受到永久性的、使你今后不敢再犯的伤害，或相貌变丑，丑得所有男人都特别厌恶。这种想法的最终结果是，几乎类似的同类型恐惧被唤起，这符合了普遍存在的、无情的一报还一报的惩罚法则，尽管当事者自己没有意识到。这种考虑使患者不自主地担心，自己会不会遭受在手淫幻想中原本希望施加给别人的伤害和惩罚。情况远不止于此，反受其害的担心也会发生在现实生活中产生这种期望的时候。”事实上，从大多数此类案例来看，当患者回想性关系时就会痛经。进一步说，人们似乎认为痛经在这种时候出现意味着一种有意识的惩罚，其指向就是性渴望。在其余的一些案例中，具有独特性的恐惧都从患者身上表现出来了，而且体现这些恐惧的方式一般都是常见的。

在这些报复性焦虑中，一如前面所说确有一部分指向将来。针对过去的部分也不是没有，例如，“我也有可能遭受同样的伤害，谁叫我产生了在手淫时发泄了这种冲动呢？”、“同样方式的残酷既是我应该承受的也是她应该承受的”、像上面所说的“我们俩变得一样难看”等想法。这种联系在一位患者身上得到了清晰表现，而她本人也能够意识到这种表现。有一次，父亲的亲近造成了她与母亲反常的竞争。她实际上真的很漂亮，但她自己不这么认为，而且非常害怕照镜子。直到她开始接受精神分析，在分析了她与母亲的冲突后，我立即要求她坦然面对，她终于照了照镜子，并发现自己在某些外貌特点上特别像母亲。

指向男人的破坏性冲动在每个案例中的表现形式都会是独一无二的。具体地说，阉割冲动是在睡梦中的表现形式，伤害人的冲动以及自我防御是真实生活中的表现形式。很明显，针对男人的此类冲动与不正常的观念显然只有一点关系，精神分析一般能够把这些患者的自我完全彻底地暴露出来。另外，她们的焦虑感，会在分析她们对母亲、姐妹、治疗师等女人的破坏性驱动力时迅速消失，而且消失得特别自然。而过分的焦虑阻碍和有关驱动力的罪恶感的存在会使它们持续不变。在这里，我将心理防御机制解释成一种对罪恶感的阻抗，是从精神分析角度出发的，这一点我在前面已经指出。这种阻抗有“现在的我就是原本的我，我从来没有以任何方式伤害过自己”的意义，还意味着“一个人肯定是因为某种原因才会成为现在的特定样子”这种对命运的抱怨。还有其他形式的抱怨，比如：针对遗传决定作用的，即为什么一个人的一生要在一次活动中被决定；针对姐姐的，即她到底对我的生殖器做了什么手脚，这种案例有两个；指向童年时期受到的压抑。对个人罪恶感的一种防御机制显然正是这些抱怨能够起作用并维持下来的原因。

我在分析之初觉得，可能是患者的男性气质幻想，或想借手淫弥补阴茎缺失这种观念带来的羞愧感，让她们的脑子里有了不正常却坚定的信念。在这里我是这样看待这种对男人的追求的，一方面，它并没有占据主要地位，因为患者更重视女性气质。另一方面，拥有男人的愿望，是对自己并非男人的弥补。但我个人觉得，从心理动力水平上说，男性化的想象不是一个有效方法，而只是体现了一种次级特征，上述的患者与其他女人的竞争是这种特征的本质原因。这个观点我已经在前面叙述过了，而在这里考虑的是事情整个过程的心理动力机制。而且就这种想象的范围而言，它也涉及了对命运的不公以及对母亲的嗔怪，此两者得到了各种方式的合理化。它们或者出现在睡梦中，或者直接是想象出来的，都体现了女性逃离内心冲突的煎熬的需要。

在一些案例中，做个男人的幻想所起到的心理动力作用确实不用怀疑，但这些案例中的某些情形跟一个特定男人（一般是父亲或兄弟）案例中的情形存在明显一致，也就是说，这种幻想在不同案例中具有很不相同的结构。然后，这种幻想会激发出患者的一种自恋态度，令其形成一种自恋的心理特征。这个发展的方向是同性恋。

只考虑我们目前讨论中的话题，女人如此重视与男人的关系，本质上是男女关系之外的一些因素在起作用，而不是性冲动激发出来的超常力量。这些因素就是修补破裂自尊心的欲望和小看某些同性竞争对手的态度。然而，在对男性的追求方面，性满足的渴望真的处于核心地位吗？这种渴望的作用发挥出了多少？从本能的角度来看——我们已经知道在意识上是必然的——也必须要为此斗争吗？这些才是我们需要思考的问题。

这是一种真实可感的事实，而不是虚拟的或想象的。这才是值得我们仔细思考的，而且是特别关键的。这种态度在意识水平上很明显地表现出来，可我一开始经常忽略它，并且很大程度上使其变得合理。因为我认为其力量来源主要是性压抑，也来源于对男性的渴望，但是获得力量的途径就不一样了。这种合理化的主要目的是：掩饰无意识的强烈欲望和动机，并全力认为对男人的渴望是再平常自然不过的。这种观念实际上扮演了一种很重要的角色，而且必须承认，患者在某些方面偶尔有正确的看法。即便如此，如果个体在一定程度上注意到了自己渴望性的满足，注意到性范围以外的因素，就很容易唤起并表现出这些不同的欲望。

形成这种观点的主要思想来源是：现实中的事实很难得到解释，除非不认为上述“注意”在这些女人看来实质上只是超越其他女性的方法和一种自恋式的弥补。换句话说，如果那种渴望和那些因素经常不被注意到，如果它们经常与她们的自觉态度相对抗，她们就会积极寻找性伴侣并维持关系。人们总会发现，性方面的要求一旦消失了，这些人就会感到不舒服，或者工作效率极其低下。在不同方面有不同的因素影响着性交对她们有意义的程度，尽管如此，但在整体上说，几乎不会果断放弃性交中可能地位这一表现，是她们共有的一个性方面的特征。出卖肉体的幻想、结婚和做男人的渴望，这三者是对这种现象的三种方法常见的合理化的解释。它们的内在特征可能互不相同，但它们却可以互相转换，因为有共同的潜在动机：它们意味着这些女人总会有一个男人。渴望做男人或憎恨男性的主要来源是如下观念：男人只要有性交的欲望便能随时满足。

我个人以为，以下三个因素能够解释上述这种过度看重性欲的现象：

（1）从经济学角度说，这些女人来到性领域的范围肯定是许多条件逼迫的结果，因为就其一般心理状态而言，获得其他满足的可能途径都已经闭塞不通了。同性恋的冲动由于极可能是破坏性的，而且具有与其他女人竞争的态度，所以才遭到否认。手淫倒是一个不错的方法，可惜被完全压抑了，即便没有被压抑，在绝大多数案例中也都因为太迟而不会有效。而且，满足自己性欲望的其他方式，包括享受食色生活、享受赚钱、体悟艺术和感受自然等也受到了压抑，只不过从方式上来看，有的压抑是直接的，有的是升华。出现这种情况的主要原因是她们心里有“自己拥有一切而其他所有人丝毫不能分享”这种直接的急不可耐的渴望，所有认为自己生来就有欠缺的女人也有同样的渴望。夺走其他人甚至所有人所有的愿望，偏离了个人在其他方面的行为标准，而且会带来反抗性的焦虑，因此是受到压抑的。另外，她们的每一种行为都存在着压抑感，而且，当个人进取心参与进来，激发起心里的强烈不满，对这种压抑感来说将特别容易。

（2）至于性需要如此强烈的具体原因，经济学能够给出解释。然而，还存在植根于个人在女性竞争之初的失败的更深层因素，而且，它会导致害怕在异性活动中其他女人逐渐造成干扰的更深恐惧。实际上，在情趣转移情境中，研究者已经找到了关于这一点充分明晰的证明。更进一步说，这种恐惧就像欧纳斯特·琼斯所发现的“失语症”，不同的是关于失去获得性经验能力之焦虑的，这种恐惧是对性能力受挫的持续害怕，受挫的原因由外界条件。避免这种焦虑的一个方法是前面提到的获得安全感。对于过分重视性欲的现象，这种焦虑会造成极大影响，这是从争论对象的每个目的都会受到过分批评这一事实推测出来的。

（3）最不确定的因素就是第三个因素，我说这话是根据我的个人经验。性的存在和发展在我所有的案例中都没有表现出来，因而它有没有产生影响，所以我无法保证。前面已经说过，童年早期经历的，类似性高潮的性兴奋，这些女人会回忆起来一部分。你若想知道在别的一些患者身上将发生什么，总有一些理由供你去探寻。尽管人们掌握了有关性高潮的恐惧的诸多现象的知识，但在梦中这些现象往往与这些知识相反。早期经历的这种性兴奋完全被压下去了，因为它很可怕，而可怕的原因在于它的特殊条件，不然就在于惊人的、相对不成熟的力量。人的脑海中确实只残留着类似的经验，并将一些生命活力赋予有机体，通过任何其他途径获得的快乐都无法超越它们。我据此倾向于认为，这些特定的女人的如下观念就是这些痕迹引导出来的：性满足是一种只有男人才能提供的药，能让人长生不老，女人没有它就会衰老甚至立即死亡，也几乎不可能在其他任何方向上取得成功。但要注意到，这是有待进一步证实的。

追求男人的所有尝试和努力最终结局肯定是失败，无论其意志多么坚定，无论其付出多么巨大。与这种失败的一部分原因有着共同来源的，是那些为男人而进行的竞争失败的原因。当然，争夺男人所必需的艰苦努力也出现在这种竞争中。

另一方面，她们还会不断重复彰显自己在性方面的优越性，这是恼怒于女人之间竞争的自然结果。同时，任何与男人的竞争都有一种隐秘的焦虑，这是她们指向女人的破坏性冲动附加上去的。一种不断增强的与其他女人竞争的渴望会助长一种焦虑，而且两者产生冲突，并最终导致了避免此类竞争或加倍竞争，只能二选其一的极端情形。这种结果与那种隐秘焦虑相对应，或与失败的主观意识相对应，或与失败后降低的自尊心相对应。现在，女人的所有感情展现得淋漓尽致：她们其实严厉克制着自己一切亲近男人的举动，但她们只想建立与男人之间的关系。她们不是唐璜[1]的真正代表，尽管对男人的渴求完全驱逐了她们的其他愿望。不只在基本矛盾上，而且在感情取向上，所有这些女人都在一定程度上是相似的，因此我们可以系统地将所有这些女人的特征概括出来。同时，她们在外部经历上——可能尤其是性领域——的差别，或许非常显著，却不能不考虑这种相似性。在很大程度上说，对这种相似性的解释是在讨论已往因素时得到的如下结论：她们在情感上没有足够珍视自己在男人领域里取得的“成功”。更进一步说，精神关系也好，肉体关系也好，其他（正常）女人与男人建立起来的一切关系都不如所有这些女性患者建立起来的关系令人满意。

这些女人总是不断地证实着自己的女性力量，其直接或间接的动力源于女性气质受到了羞辱。但是，主要是因为自我贬低和压抑的源源不断，所以这种证明从未实现。不断的自我贬低和压抑，必定会让当事者从一种关系迅速转移到另一种关系。幻想中与一个男人的恋爱，可能就是她们对男人不变的兴趣了，但这种兴趣一般会在这个男人被“征服”——即他开始在感情上依赖她们——时消失。

我在前面已经说过，恋爱经历具有情趣转移的特征，即让人产生依赖性。此外，依赖性还主要取决于“要不惜一切避免依赖，因为它危险”的观点。也就是说，无论爱情还是任何一种被当成

---

① 法国喜剧作家莫里哀1665年创作的喜剧《唐璜》的主人公唐璜生性风流，喜欢同姑娘们混搞关系，曾为了抢夺别人的未婚妻而抛下从修道院高墙内娶出的新婚妻子。——译注

理应避免的灾难的感情束缚，都可能使个体产生严重依赖性。对依赖的恐惧是隐秘恐惧，恐惧对象是失望和羞辱。这些女性认为热恋就会引发这种隐秘恐惧，因为热恋意味着自己在童年时期体验过的意愿传到了“别人”[①] 身上，而这就是一种羞辱。一个男人就可以引发这些作为早期情感遗留的强烈感情，因此，男人和女人几乎同等地要承受这些感情的最后作用。例如，一个患者为了让我依赖她，试图向我表达她的后悔情绪：如果我去一位男性精神分析师那里接受治疗，让一个男人爱上我可能就更容易[②]，我就会赢得竞争的最后胜利，可我没有那样做，我现在特别后悔。

一个是尽可能避免情感依赖进而避免痛苦，一个是更加坚强的愿望，两者是一致的。一如德国英雄故事中的西格伏勒特，他在龙血里洗浴，就是为了实现这个目标。

防御机制在其他案例中表现为一种专制和戒备的倾向性，表现为一种自信，这种自信使当事者相信，伴侣对她的依靠有甚于她对伴侣的依靠。一旦伴侣依靠她的迹象一点也没有表现出来，那么她相应的反应无疑将是明显的或克制的强烈憎恨。

这种表现是对男人的一种喜新厌旧，而且在新旧两方面都具有决定性，它所充分满足的是藏在心底最深处的报复性渴望。而且，在她早期失败经历的基础上，这种满足进而会使这种渴望变成抢男人风头的愿望；还有，她曾亲自领会被抛弃和拒绝的感受，

---

① 这个别人就是自己，这句话的意思是：自己童年时想要热恋，而现在自己热恋了，那种意愿从童年的自己传到了现在的自己，两个自己并不是一个人。——译注

② 因为男人的吃醋或多疑。——译注

现在要同等地拒绝和抛弃男人。选出合适对象的可能性显然是小之又小的，这已经在前面说过。不仅如此，且从客观的角度来说，根本就没有这种可能性。她们与其他女人间的关系和她们自身的自尊心，各是一部分原因。她们在自尊心的驱使下去抢一个男人，却完全不问目的。再进一步讲，她们已经开始固恋在其童年的思想斗争中扮演关键角色的父亲（大家都已知道），因此这些可能性还会逐渐减小。这是我涉及案例的三分之二所表明的。人们从这些案例最初的情形得到的印象是：她们正在积极地发现自己的父亲，或父亲的一个模板。随后，一个又一个的男人由于不符合这种模板而被她抛弃，速度相当快。抛弃原因也可能是这些男人发现自己只是她们不断报复父亲计划的替代者。据此可知，这些女人患神经症的关键原因是她们对父亲的固恋。这种固恋的确给她们造成诸多困扰，在这种女性类型的起源中，它不是一个特殊因素，这是可以确信的。不管怎么说，我们所讨论的具体问题的关键都不在于这种固恋，因为在这方面，那种非同一般的——无论强度上还是特征上——的东西，在这些案例其他的三分之一中都没有找到。而我主要是由于技术方面的需要才在此提及它的；因为从经验中不难知道，我们最初的分析如果指向这些早期固恋，而不指向所有问题，离陷入盲区也就不远了。

成就、自尊和志向这条路是这位患者逃离这种极难受的状态的唯一道路。这是一条这些女人都会主动找到的路，而且强烈的进取心就是在发现此路的基础上磨砺出来的，因为有一种不知所然的强大冲动鼓舞着她们。受过伤害的女性自尊和极夸张的竞争观念是这种冲动的来源。一个人若要树立自信心，选择取得成就与成功的方法，如果是在性以外的其他领域中，就可以选择竞争的形式，而且这种竞争是符合其能力并会让他胜出的。

但是，跟在性领域一样，这些女性在这个领域也将失败。失败是老早就注定了的，可我们现在需要思考的是什么隐秘原因导致了这种失败。主要原因是我们平时会碰到的重要困难在成就和性这两个领域里也会碰到，而且同等重要，想想它们表现出来的不同形式吧。要最彻底地了解个人行为在性领域与成就领域的联系与区别，无疑必须让他投入竞争。有些患者几种需要的发展几乎是病态的：在这种领域中，她们排斥其他女人，进取心、对赞同的强烈渴望和深层的危机感，都十分明显地表现出来。这种危机感、她们失败时的反应模式，体现在三个案例中。对于既定目标，她们顽强地追求着，结果却总是失败。无论赞扬的话，还是善意的批评，都可能让她们无比灰心丧气；原本就潜藏的对失败的恐惧，会因受到批评而被激起；对一切竞争的恐惧——尤其是对以获胜为目的的竞争的恐惧——因赞扬而被激起。而这些案例所出现的自身具有规律性的因素，是她们的唐璜主义，也就是第二种因素。她们就像自己不断需要新男人一样需要从事一些稳定的工作，却无法让自己安下心来。她们往往会说，在某种稳定的工作中安下心来，意味着没有可能再去追求其他兴趣了。但事实完全相反，她们这么说是在找借口，因为即便真正的产生了什么兴趣，她们也从未投入实际的精力和能量。

那些拒绝性领域竞争的患者们，认为自己很难讨别人欢心，这种感觉总是摆脱不掉，并且总有东西压抑着她们在这方面竞争上的进取心。那些行为能力强于她们的女人，会让她们产生自己被压到底层和被人轻视的感觉。她们对这种情景的反应是一种极强的憎恨——在情趣转移情境中，她们就是这样反应的——并且，其反应方式是压抑，她们总愿意这样。

结婚后，丈夫往往会成为她们这种受压抑野心的承受者，被要求去取得成功。但是，在她们的头脑中有一种无意识会影响她们对对手的态度，因此这种转移只会取得部分成功。她们对性的最大需要是怎样的，决定着她们会不会控制自己对丈夫的性态度。因此，丈夫在婚姻之初就被固定看成一个竞争对手，就像她们在回避性领域竞争时的表现一样，与丈夫的这种关系对她们而言是一个巨大深渊，自己无能的感觉，让她们深陷其中，同时深恨着自己的丈夫。

在所有这些案例中，她们的进取心不断增强，但她们的自信心日渐脆弱，这种巨大落差是更深刻的困难，也是最重要的困难。对有些女人来说，只要工作是符合自己的个人能力的——比如作家、科学家、画家、医生或管理者——她们就都能完全胜任。毋庸置疑，一定程度的自信是任何一种有效率工作所必需的，否则就会带来一些坏的结果。由于进取心过强而自信心脆弱，她们在行为上欠缺勇气；这是同样的道理，后果与前因匹配。而且，野心会带来高度紧张和焦虑，可大多数患者对此都完全没有意识。

这种差异的意义和作用是再明显不过的。但是她们根本意识不到这种差异，却始终渴求并保有特殊待遇，就像她们已经获得很高荣誉一样。比如，她们想学会弹钢琴而不必经过练习，想绘制出优秀作品而不必学习技巧，想在科学领域取得成功而不付出艰辛，希望能够准确区别出杂音和肺音却不想接受训练。当遇到必然的失败时，她们这样归因：那是因为自己整体能力不足，而不是因为自己的理想或期望太高了。于是她们很容易放弃一些成功的必备条件，比如自己眼下从事着的工作、辛苦得来的知识和技能。本来她们的进取心就日益增强，自信心每况愈下，而此举更严重拉大了这种落差。

一如从性领域中爆发出来的力量，这种求索方面的能力不足感非同一般的顽固，并不断地折磨着她们。患者的决定是，把自己完全的行为无能和聪明灵活性上的缺陷展现出来。首先选择的证明对象是自己，然后是以精神分析师为先的其他人。于是，即便有许多确凿话语证明她是聪明灵活的，她自己却依然否认，并且，当别人赞扬她时，她每每认为那是恭维。

问题在于究竟是什么在维持着这些倾向。首先，某种阻抗策略，即顺利取得一切有价值之物的策略，对一个自认为无能又不聪明的人来说是必需的，这样一来，她就能够应付竞争中的各种风险了。而自己完全行为无能的感觉会影响到为了控制全局而做出的积极努力，就是说，患者在生活中为了得到或夺取一个男人会不顾一切，她达到这种目的的手段是用证据来证明自己的缺陷、独立性欠缺和无助感。而且，这种特殊影响远远超过它对上述阻抗的影响。她自己可能完全意识不到自己在使用这种“策略”，但在这种或那种原因的作用下，她更加执着地寻找着它。这种“策略”

看似没有意义，但在她身上可能会出现相反的效果，就是说这种无意识的期望对她意味付出某种努力，而且有方向和目标。

这种期望在表面上会体现为另外一种样子，比如，面临男人和工作二选一的问题，她往往会堵死前一条路，而选择工作和独立。这是一种模糊却又固执的观点是，此种表现完全不可能被这些患者理解，因为它没有一点可靠的现实基础，同样，它完全无助于灵活地解释幻想中的男性气质与女性气质的联系，以及幻想中阴茎与孩子之间的联系。她们的执着是无法理解的，却可以得到十分清楚的说明，方法就是将其视为上述“策略”的一种表达。上述的灵活观点，在一位患者的案例中起到了至关重要的作用，构成了她在工作中的全部阻抗。在情趣转移的过程中，她说她觉得自己正在变穷，因为分析治疗会慢慢花掉她的钱。这里面包含她潜藏的渴望。然而，她在工作上的压抑即便接受这种精神层面的分析也得不到的很好的处理。最后，来源于各方面的支持和帮助都被她无意识地拒绝了，她无法再维持自己的生活，也丧失了那种能力。那种情境意味着必须由她的精神分析师来照顾她，特别是她的第一位男性精神分析师。同样，抱着让分析师停手的目的，她迫切地想展现出自己的一种无能：与工作有关的所有事情她都不能处理好，甚至工作本身也会对她造成不良影响。由于心里所想的“策略”失败，她产生憎恨，而这种憎恨是她对分析师的重新投入工作中的劝告——理由是她可能面对且能够胜任工作——的真实而逻辑反映方式的来源。在意识水平上，“她（指分析师）不过是有我适合工作的感觉罢了，同时还妨碍我表现我的女性气质”的想法，正是这种反映的内容。

这种一般期望在其他一些案例中通常表现为对那些受男人喜欢和爱慕的女性的嫉妒。无数幻想会在这些女性的头脑中产生。男人表达对她的爱慕或送礼物而她接受了，满足于自己的孩子或性生活，不断有人在精神和道德层面上支持帮助着她——这些正是此类幻想的内容。有两个案例中的患者，她们觉得自己不能很好地支持自己，于是把这个任务强加给父亲。

然而就整个动力机制而言，如果在任何一个患者的隐秘欲望下都不藏有这种态度，就说明这种态度完全没有改变。如下“策略”就会产生这样的效果：为了得到爱情，我要表现出无助的样子，如果我不能以一种自然方式赢取一个男人——父亲——的爱的话。为达目的而表现出可怜的样子，正是她们过去经常采用的方法。她们觉得这是她们唯一能够选择的方法[①]，然而这种方式体现了神经症的扭曲，其目的是达到异性恋。

一个显然有可能被提出的疑问是：保持对工作的十足兴趣，不正是她们做不到的吗？客观地说，在绝大多数的案例中，“工作中压抑”最后会使患者的心理贫乏透顶，因此这个问题不能用这个术语来概括。但是，工作中压抑正是这样形成的：她们原本坚持只想在性活动领域内达到某些目标，但这一领域是有矛盾的，这些矛盾促使她们的目标转向工作领域。但在最后，全力追求爱

① 瑞熙在载于 1932 年《国际杂志》的文章《受虐狂的特点》中，表达了整体相同的观点。他还认为，对个体来说，在行为上表现得令人同情，所收获快乐会更大更多。——原注

情的渴望实际地接收了这种压抑，而且其方式是微妙、怜悯和温柔的。

患者总是渴望通过一种刺激过程重新回到性领域的活动中，而且为此付出成倍的力量。之所以如此，基本原因是工作在她们眼中必定是低效率的、无法令人满意的、充满煎熬和痛苦的。婚姻以及其他任何在环境中的相似事情，是这种次级过程所采取的具体方式，总之都是个体的性经验的方式。之前提到的那种可能性——分析师判断的这一因素，如果在错误的基础上提出来，就会使分析本身变得振奋人心，并从一开始就只在性活动的领域中发生效力——在这里也能得到很好的解释。

毋庸置疑，困难突显出来的过程也就是年龄增长的过程。得到安慰和对“运气”更多更好的期待，一个在性领域中遭遇失败的青年人比较容易出现。因为，经济独立的问题对一个中产阶层的人来说已经不再紧迫；另外，一个人很难清楚地体验到那些涉及较小范围的兴趣。即便爱情的失败接二连三发生，在各个年龄阶段——比如三十多岁——也会由于心智得到发展而被看淡。同时，逐渐增加的危机感、某些妨碍整个发展的障碍，是个体未能获得所在年龄应有魅力的主要原因。个体感觉到一种满意关系逐步建立起来的可能性越来越小了。如此一来，压力也因经济上的依赖性而产生。最后，在工作和成就方面，年龄的发展还使患者感觉到眼前的主观或客观环境在过去已经出现。慢慢地，痛苦自然会伴随生活日益单调无趣而发生，这主要是因为在双方生活中，个体的自我在不断丧失，而这种丧失是双方自我欺骗的结果。因此，从她们自身的情况来看，她们感觉中的那个目标，即只能向爱情索取的、她们应有的幸福和快乐，是不可能实现的，不仅如此，同时持续猛降的还有她们对自己能力和价值的信心。

在中产阶层的知识分子群中经常也会有以上描述的那类女人。恐怕大部分读者都可以轻易看到这种现象，但问题是造成这种情况的原因是什么？在很大程度上是由于社会性因素，就是说，促使出现这种情况的原因是女人的工作范围被社会缩小了。其实我在论文的开头就指出了这一点。然而总体上说，显然是个体在发展过程中遇到的不幸导致了具体的、上述女性案例中的神经质困境。

这种阐述可能会让人觉得社会方面的力量和个人方面的力量是互相独立的，而且没有任何联系。在这里我要说事实并非如此。就算只是个人方面的力量和因素，也能够促成所有案例中出现的每一类女人目前已经有的后果。我的另外一个观点是，现实决定了出现这种女性类型的频率，换句话说，只要社会力量在发挥作用，女人的发展中遇到的困难哪怕再小，都不妨碍这种类型出现。

十三　关于女性受虐狂症[1]

研究女性受虐狂症至少要接触到的一个根本问题是如何在女性文化群体中评价女性。因此，人们关于这种研究的兴趣不仅仅局限于医学领域和心理学领域。在我们的文化中，受虐狂其实在男性当中更为普遍，而在女性当中比较少见。女性是不是通过遗传获得了受虐狂倾向，这还有待发现。在受虐狂倾向的传播中，关乎性起源的社会条件扮演的角色，还有待人们去评判。而尝试发现和评价正是解释女性受虐狂现象的两种主要方法。

朗多和达伊奇的观点是精神分析学派的代表，他们认为应在这样的方向上尝试解决问题：解剖学上的性别差异带来了某种心理影响，而后出现了女性受虐狂症。也就是说应该假定受虐狂症与女性生物学之间有密切关系，为给这种假定找到支持性证据，精神分析发挥了它本身作为一门科学的作用，却没有注意到社会条件也可能从中发挥着作用。

在女性受虐狂症这一问题中，生理因素和文化因素有怎样的

① 汉语读者对“某种狂”的一般理解是“有相应狂症的人”，而通观作者对受虐狂（和虐待狂）两个词的使用，有时用为“有受虐狂症状的人”，有时用为“受虐待症状”，原文系是同一个词，但为了方便理解，已做出区分，就是将用为“症状”的受虐狂翻译为“受虐狂症”。——译注

重要意义，这也需要考察。精神分析为这个方面提供出来的资料有效性怎样，这需要认真回顾。研究关乎社会条件作用可能性的问题，可不可能使用精神分析的知识？这些考察、回顾和提问，就是我撰写这篇文章的主要目的。

关于精神分析迄今为止的所有观点，或可概括如下：

对生活和母亲身份的探究和认识，必须要获得具体形式才能满足，这就表现了一定程度的受虐狂症；被父亲阉割的受迫性渴望，是有关父亲的早期性欲和幻想的主要内容。在相当潜隐的程度上，月经蕴含着受虐狂症的体验。被奸污、强暴和精神虐待的渴望存在于性交中女性的潜意识里。有分娩过程以及她与孩子的关系中女性的受虐渴望还得到了一种无意识满足。这些渴望和满足，对极端的受虐狂男性——就是纵情幻想或实际被虐的男性——来说，代表的是扮演一位女性。

女性受虐狂症，是生物学性质的遗传因素起作用的必然结果。这是达伊奇的假设[①]，而朗多所指出的[②]那种遗传因素，先导致性的发育，后演变成受虐狂症。女性发育迟缓或偏离正轨，难道真的是这些具体的女性受虐狂症形式的起源吗？或者说，这些形式是一般女性的态度和情感的真正代表吗？总的来说，人们的意见是有显著差异的。

不过，至少有一个假设可以明确，那就是，相比男性，女性

① 参见海伦娜·达伊奇的文章《从女性的自觉不性感到女性受虐狂》，载于《国际精神分析杂志》1930年第2期。——原注

② 参见桑达尔·郎多的论文《女人对阉割的恐惧》，载于《精神分析季刊》1933年第3、4期。——原注

更容易出现某种受虐狂倾向。生活中的一般行为是对性行为模式的模仿，而女性在性行为模式中的表现就是受虐。这种基本的精神分析理论，如果得到人们的赞同，也就是认同大多或全部女性的这种受虐狂态度，也会很快表现在她们对性和生育的态度上，进一步说——不用怀疑，一定会是这样——她们的某些受虐狂特征，会在生活中无关性的方面表现得比男性更频繁。

由此可知，达伊奇和朗多的阐述并没有局限在神经症心理学领域，而扩展到了对正常女性心理的分析，而阐明后一领域各种问题显得更为重要。虽然朗多相信自己所关注的只是病理学现象，但是如果分析他关于女性受虐狂症起源的推断并作一个总结，就只能得出大多数女性都有病态或异常性生活的结论。而达伊奇提出的观点是，女性这个角色本来就具有受虐狂的意味。可见，朗多与达伊奇之间存在巨大意见分歧，不过这是在理论上，而不是在实际上。

在手淫、月经、性交和分娩过程中，受虐狂症的满足是女性无疑要寻求和得到的，但还有一个问题有待思考，那就是这种事实的起源和发生频率。达伊奇和朗多一直认为，心理性遗传因素已然具备了相当的说服力和普遍性。主要由于这个原因，他们在提到这个问题时都没有考虑到发生频率，并觉得那是画蛇添足。

说到受虐狂症的起源，他们两位都假定，小女孩对自身阴茎缺失的讶异，是女性发育过程的一个最有影响性的转折点，而且小女孩的惊讶所产生的影响和感染力，为时相当长久。对神经质女性进行分析发现，她们幻想并渴望着具有阴茎；观察小女孩在看到其他人有阴茎时的表现，发现她们的阴茎渴望会有意无意地表达出来。两位研究者主要就是基于这两点相应的资料提出上述假定的。

在女性的性生活中，拥有一些男性气质的愿望是不是起着重要作用？我们已经有了前面的观察和思考，现在再提出这个假设就完全没有问题，而且有了这个假设，女性身上的某种神经质现象也就能够得到解释。但要注意它只是假设，而不是事实，甚至都不能说这是一个绝对有用的假设。如果不考虑个体条件或文化条件，女性——不仅神经质女性，甚至是每个女性——的主要动力因素，都包括一种对男性气质的渴望。不过，这并没有相应的资料加以证实，这是我们不得不承认的。由于不具备历史学和人种学领域知识，可以说我们根本不了解女性的心理，不了解各种文化背景下的女性，这实在太过遗憾。

我们只好姑且将少女看到阴茎这一事实假定为女性发育过程的一个重要转折点，因为眼下关于这一事实的频率、反应以及在当时社会条件下产生的影响都没有资料证实。尽管这是一个令人兴奋的假设，但却不能用它去证明什么。实际问题在于，从意识到没有阴茎到变成受虐狂，这里面有什么因素在起作用。在这个假设的进一步假设上，达伊奇和朗多两位学者所使用的方法几乎是对立的。达伊奇相信，“意识到自己缺乏阴茎的女孩，已经没有积极性虐狂力比多——集中在阴蒂部位了…… 女性发育的一种普遍偏离是，走上受虐狂退行的道路”。照此来看，对女性的命运进行剖析，有一部分就是这种偏离。

我们不妨多作一些考虑。这些证实性资料应该是什么？可能只是小孩子的早期性虐待狂幻想，至少我看到的是这样。它们一部分来源于对神经质孩子的直接精神分析，一部分来源于对神经质成人精神的重新构建。这些幻想是否也为美洲印第安或特洛布连德的小女孩所具有？可以没有答案。这些幻想可能无处不在，却没有实际证据。就算可以顺理成章地认为这是一种普遍现象，要达到完整的论述还需要下列三个进一步的假设：

（1）积极性虐狂的力比多向着阴蒂不断集中，是产生这些性虐狂幻想的来源。

（2）阴蒂手淫会因为缺少阴茎这一事实伤害了女孩的自恋而被女孩放弃。

（3）女孩会把积极性虐狂的力比多自动转向心理世界，最终成为受虐狂症。

这三个假设都具有较强的推测性。我们知道，对于自己由敌意引发的攻击行为，人们是极其害怕的，所以人们宁可装作自己在受苦的样子。但是，一个器官的力比多导致性虐狂并持续向内转化的过程，似乎特别神秘，特别能吸引人。

产生女性气质的根源是达伊奇特别想探索出来的，不过，她所指的女性气质，只是女性心理生活的被动受虐倾向。她还认为，在女性心理生活中，一项最基本的权利就是受虐。这种情况无疑适用于大多数的神经质女性，但要说它必定在心理和生理上适用于所有女性，人们恐怕很难认同。

而学者朗多后续的探索研究则更加细致和深入。首先，关于女性气质的起源，他没有从一开始就努力弄清楚。在神经质女性身上出现了各种可观察到的情况，而他实际上给出了对这些情况的解释。他还掌握了一些资料，是关于女性对受虐狂症的多种防御性内驱力的，他也很想分享这些资料。而且，阴茎渴望在他看来不是既定的事实。在这些渴望中还有一个问题，这就是琼斯和德布罗德在我之后提出却给出了极不相同解决建议的那个问题。朗多也认识到了这个问题。男性气质或女性气质中的防御机制，琼斯、朗多和我都看到了。关于这个问题，琼斯认为这种防御的针对对象是性机能丧失所造成的危险，朗多认为是针对受虐狂驱动力的，我认为是针对父亲乱伦渴望的①。我们三人至今持有高度一致的意见，而德布罗德则主张与男性气质渴望有关的主要是身为母亲时的早期性渴望。

看到阴茎之后，女性是怎样发展出受虐狂症的？弗洛伊德认为这对女孩造成的超乎想象的影响，是自恋性质的，而朗多说自己同意这个观点，同时却提出，情感条件如果发生变化，这种影响也会随着发生变化。比如，如果女孩在早期性发育比较成熟时看到了阴茎，就不只是一种自恋性影响了，照他所说，女孩会因此相信手淫带给男性的快乐要比女性多，因此这种发现还是一种受伤的经历，而且是难以忍受的。手淫在女孩发现阴茎之前带给她的快乐，将被如此痛苦的经历摧毁，不可恢复。这种反应虽然

① 在此，我不再认同这一观点，转而倾向于支持朗多，尽管我得出结论的理由，跟朗多得到结论的理由不一样。我将在下一章给出不同意它的具体原因。——原注

已经确定，可问题是朗多是怎样从中推断出女性受虐狂症起源的呢？在这里有一个潜在条件，那就是人们所认为低级快乐将因个体意识到主要快乐而遭到破坏。讨论这个潜在条件是理解朗多推断的必要前提。

需要考虑一下这种假设是怎样符合日常生活事实的机制的？得出这一假设实际就意味着，如果一个男人认为葛丽泰·嘉宝[①]是最有魅力的女性，那么即便他与其他女人的性关系有可能给他带来幸福，他也得不到了。还意味着，对一个钟情于山的人来说，如果想象游览胜景带来的快乐大于山给他的幸福，就再也不能使他幸福。这种反应有的时候也是可以被觉察到的，但是只有那些过分自私或过分贪婪的人才会觉察到它。朗多在这里所使用的标准，说是贪婪的标准更好，而绝对不是衡量幸福的，它的意义或许在于解释某些神经质反应，但是对于一般的孩子和大人而言，它几乎是不能用的。实际上，这是一种与快乐标准相互矛盾的标准，使用快乐标准的人们，即便任何一个既定情境不能提供最大的幸福，也会在此情境中寻求满足。有两种原因可以解释为什么神经质反应的出现是正常的：一是幸福的内驱力，当然，这种幸福要有较强的适应性和灵活性，弗洛伊德所提出的这种内驱力是健康人的特征，与神经质患者的表现相反；二是一种实际测验过程，该过程的自动化程度较高，其结果是人们会自动无意识地记住想得到的东西，即便那东西可能得不到。比方说，对于玩具店里的

---

① 葛丽泰·嘉宝（Greta Garbo，1905—1990），好莱坞默片时代的电影皇后。——译注

漂亮娃娃，小女孩有时候特别想要却根本得不到，当她明确知道这一事实时就会转而满足于玩弄自己向来钟爱且就在手中的布娃娃。

然而，既然朗多已经提出发现阴茎这件事冲淡了十分满意于性发泄女孩的手淫快乐，我们不妨先表示赞同。接下来要问，关于这一发现对受虐驱动力的发展的影响，个体可能会有怎样的期待呢？朗多觉得，在一定程度上，女孩的性欲被发现阴茎后的极大心理痛苦激起了，这倒也是一种满足，尽管是替代性的。但毋庸置疑，自然的性满足手段与她无缘了，在这种情况下，承受痛苦是她唯一可以用来获得满足的方法。也就是说，她在性领域的驱动力成了一种持续性的受虐狂症。这种努力目的相当具有危险性，她可能会在后来意识到，为此她采用多种形式进行防御，然而性驱力的受虐狂性质，不但变得特别明显，而且成为永久表现。这样一来，我们就面临着另外一个问题：就算女孩的严重痛苦确实是因为她得不到主流的快乐，那么这种痛苦又为什么能激起她的性欲？当人们看到作者所说的永久的受虐狂态度，并同意它建立在这种假设性反应的基础上，当然就想知道表明这种反应实际发生的证据在哪里。

可惜，足够的证据目前还没有，因此，人们若想支持这个假设，只能在自己周围寻找类似证据。一个相对应事例中的前提标准要与小女孩案例中提出的前提标准相同，就是说，已成为常例的性发泄途径，突然被一些突发的痛苦事件中断了。让我们来设想下面这样一个男人的情况，并回答你觉得他会不会成为受虐狂？在性生活方面，他一直相当满足，可惜后来遭到禁止和十分严格的监督，不再拥有以前发泄性欲的任何途径。或这样问，他的性欲会不会由于亲身遭遇、想象或其他各种形式的抽打而被激起？被迫害或受苦的想象会不会让他沉溺其中无法自拔？这无疑是可能的，但是在多种可能的反应中，这只是其中一种。进一步说，只有那些有过受虐狂史的男性才会出现这种类型的受虐狂反应。同样的结论也可以在其他类似例子中得到，比如一位被丈夫抛弃却毫无办法进行即时性发泄或幻想发泄的女性，受虐狂性的反应就很容易在她身上发生，镇定意味着对性欲的暂时放弃，但是她的这种满足会在亲人、朋友、孩子、家庭工作或生活消遣中实现。另外，此类女人的典型受虐狂行为，只有受虐狂倾向模式的前提条件已确立时才可能发生。

可见这种事情是具有挑战性的，可朗多却以为那很自然，他为什么会这么想？究竟是什么潜在条件在起作用？在我看来，主要的潜在条件可能是作者迫切想对性欲需求进行一种过分评估，这种迫切想法似乎使患者的性冲动具有了迫切实现的欲望，这迫切性与努力追求一般快乐的相当。进一步说，当患者的性欲看起来不得不发泄时，为达到性满足，他需要马上把握住另一个机会来获得性方面刺激。

换句话说，朗多所假设的这些反应是真实存在的，尽管有一些是不必发生的。受虐狂驱动力在这些反应出现时已经存在，而且受虐狂倾向的具体表现就是这些反应。但是，产生受虐狂倾向的一个来源，并不是这些反应的实质。

按照朗多的思路推断下去，会得到一个让人奇怪的结果：小男孩反倒不容易转向受虐狂。成人的阴茎比自己的更大，这种想法几乎是每个小男孩都具有的。而且他们觉得父亲所能获得的幸福要远远大于他的。手淫的幸福之所以被破坏，正是由于这种思想，只是破坏程度因人而异。男孩于是不再手淫，当然，这意味着精神上要承受极大的悲伤和痛苦。结果，其性欲的产生和发展被这悲伤和痛苦激发出来，进一步，性欲的实现只好转变成接受痛苦，于是逐渐变成受虐狂症。但是，这种情况的出现和发生一般是少之又少的。

还有最后一个关键点，我们现在来说一说。受虐狂女性原本可以得到的幸福被可能有更大幸福的想法破坏了。发现阴茎时的心理压抑和痛苦女孩确实体验到了。她在性方面的欲望真的被心理痛苦激起了，进一步，她在性领域的满足真的被这痛苦取代了——如果这些争论性的思考是可以设想的，并且都是为了辩论的，那么，她的满足为什么最后不得不在极大的痛苦中实现呢？在因果关系上，这种推断显然有一定程度的自相矛盾。这有许多例证，比如，地上的石头永远是死死停留在原地的，除非有外在力量使它移动；再比如，外在事件侵扰一个有生命的物体，对后者意味着一个全新的环境，而它将迫使自己不停地适应其中。朗多认为个体会在感觉到受虐狂驱动力的危险性时做出防御性反应，可个体必须处理好这些反应才能抵御危险。另外，朗多绝对相信驱动力本身不间断的存在性，并且，这是它保持自身应有活力的必需特性。在这一方面，精神分析大师弗洛伊德特别强调，一个人优秀的科研品质体现在他童年阶段性格的执着上。而精神分析的经验同时也表明，如果内在驱动力是童年时期一系列关乎情感和态度的反应背后的主要力量，那么这些反应将伴随他一生。一种仅仅来自外界的冲击的永久作用，即便没有郎多的那种假设，即便没有人格内部需要的支持，也会发挥出来。于是，朗多的假设必须改成这样：缺少阴茎会带来痛苦，就算外在冲击会不断消散也总是一个事实，使人们放弃习惯性手淫正是这一事实的最终结果，进一步讲，性方面力比多的持续发展倾向就是受虐狂症。但是临床经验和事实又告诉我们，有受虐狂倾向的孩子绝对不会永远不手淫[①]。基于这种改进假设给出的解释自然是很难长存的。

我们知道，达伊奇的假设是在女性成长发育过程中，外来伤害事件必定分成几个阶段表现出来，而朗多的假设与达伊奇的假设并不完全一样，只是认为这种事必定会频频出现，而且对此进行了比较准确的说明。事实上，按他的假设推演下去，将得到的结论是：一个女孩对不幸受虐的避免，只是特殊情况。内科医生经常想尽办法剖析这种现象，却没有更广泛的基础，而当达伊奇涉及这个问题时也犯了这种错误。他们提出的概括和推论是毫无根据的，因为证据有限。事实上，不仅内科医生会犯这种错误，神经症学家和妇科医生多少也是如此。克莱佛帝·艾宾斯就曾极力主张，认为受虐狂的现象意味着女性品质的提高，而他的理由

① 戴维利维所引用的例子说明，有挨打幻想的女孩，既放纵这种幻想，也有手淫的不良习惯。这是我通过与他交谈得知的。戴维利维说，受虐狂现象和生殖器官缺失事实之间，没有任何直接联系，这一点他非常清楚。——原注

只是：据他观察，有受虐狂倾向的男人，往往在行为上表现得如同受苦女性的观察结果。基于同样的观察，弗洛伊德也认为男性气质和女性特质关系密切。苏联妇科医生尼希罗对女性的流血命运进行了讨论，但她的依据只是自己能够极其强烈地感受到女性在破身、月经和分娩中所经历的痛苦。德国妇科医生尼普曼假定较强敏感性、较易受伤和经常发怒是女人三位一体的基本特性，而其理由是她特别同情妇女生活中多发的疾病、事故和艰辛。

病理现象和正常现象之间没有显著区别。这是弗洛伊德的观点。如果这里需要一个合理的理由来引证，那么这个观点是唯一选择。具体地说，发生在所有人类身上的整个过程和结果，可以被这两种现象更加清楚地反映出来，像被放大镜照着一样。人们的视野因这两种现象而拓宽了很多，这是不用怀疑的，但是它们本身就有程度不定的局限性，这也是不可忽视的事实。比方说，要理解俄狄浦斯情结，以下问题必须考虑到：在神经症患者中，该情结有更明显的表现和影响。精神分析家的观察力将在了解了这一点之后变得更加敏锐，就是说，即便是非常微弱的迹象，人们也往往能够观察到。但是同时还要考虑到一个很容易惹人非议的倾向，就是仅仅有了这一个基础就下结论说:这种现象普遍存在，且更明显地表现在神经质患者身上。因为，只要很好地概括了文化差异，俄狄浦斯情结术语所指的不同文化条件下的特殊结构就不可能存在，[①] 这一点已经被大量人种学领域的研究证实。人们先

① 参见贝尔穆的《俄狄浦斯情结的发展史》，载于《国际精神分析杂志》1930年第1期。——原注

前的假设据此需要提炼为：父母与孩子关系中的特殊情感模式要有所体现，必须是在特定的文化条件下。

人们越来越在实际生活中发现，女性受虐狂症的问题可以用这种原则来解释。达伊奇和朗多发现神经质女性都表现出了受虐狂症状。虽然这得自他们自己的研究，但我的经验使我相信，这种观察也会成为每个精神分析家的成果。女性由于观察力相当敏锐而表现出受虐狂行为，这种解释是行得通的，不然就只能说那是女性在社会中解放的结果了，而精神分析的应用领域目前根本达不到那里。文学作品对女性性格的最可能描述和分析是，没有人去留意观察女性，她们很容易被忽视。同样的命运也降临到一些俄国女性身上，因为她们从来得不到丈夫真心的爱。精神分析家们可以尝试基于以上证据给出一些结论，但在这里，普遍存在的一般现象才是他们需要面对的。需要指明，这种现象在精神生物学领域内扮演的重要角色，类似于自然法则。

因此，以部分性的观察为基础所得到的判断是不全面的，甚至是错误的，因为没有考虑到心理或社会因素，没有考虑到风俗习惯给女性造成的生活差异。曾有一个主题研讨会，名为“关于受虐如何深深扎根于女性人格特质中的探讨”，会上的学者们用来分析研究问题的例子，大都明显是家长政权背景下的俄国妇女，但问题是：她们如今都已成为比较独立的女性，自己也会特别惊讶于殴打被当成爱的表达方式。可知并不是某些特殊的妇女发生了变化，而是文化模式变了。

让我们再推进一步，说说发生频率的问题。不管受虐狂现象什么时候发生，从精神分析学的角度出发，或许能够否认它们的一切涉及社会学领域的内涵，但它们的存在不会完全被否定。事实上，忽略了这些内涵的人们很容易会做出一个错误的归因，并据此分析和解释实际上部分或全部是社会外界条件造成的一些现象，这归因就是：是某些（内在）因素造成了解剖方面的差异和个人行为。总的来说，我们若想对问题把握得全面而深入，就必须充分考虑两方面的所有条件。

在各种社会与文化心理条件下，人们会以何种频率表现出自己对女性受虐狂的态度？女性自身一般的受虐狂态度，会以何种频率表现出来，相比之下的男性又是怎样？

有关这两个问题的数据分析，类似于社会学、人种学领域的研究方法。在且只在如下情况下，人们对女性受虐狂现象背后的社会心理原因的深入探索和分析才可能是比较情愿的：这两个问题的数据分析结果显示，在所有社会条件下，女性角色倾向于受虐狂这种观点都站得住脚；女性当中相当大一部分人表现出了一般受虐狂现象，而男性没有。但是，如果女性受虐狂只是普遍存在但没有表现出来，人们在进一步回答下面的问题时，将希望运用社会学和人种学领域的知识：

（1）受虐狂症与女性功能在哪些特殊社会条件下有可能经常联系在一起？

（2）女性表现出的受虐狂态度的频率在哪些特殊的社会条件下远高于男性表现出来的频率？

为人类学家搜集心理学领域的资料，是精神分析家在以上这种调查中应做的任务。事实上,除了性变态与想象手淫这两种形式,几乎所有形式的受虐狂倾向及其相应的满足都是无意识的。可是,对这一系列问题的研究,并不是人类学专家的专长,他们只需要借助一些标准,识别并观察受虐狂症的表现,因为受虐狂驱动力的存在,以及扮演的角色很可能通过这些表现显现出来。

相对简单的是提供这些资料以回答问题(1)。也就是说,关于受虐狂倾向的假设如果是基于精神分析提出来的,就是充分合理而可信的:

(A)女性出现受虐狂倾向可能是由于经常出现痛经、月经过多等功能性月经失调。

(B)还可能是,在怀孕和分娩中经常出现恐惧分娩、为分娩而感到惊奇,以及运用各种策略避免疼痛等心理基因性障碍。

(C)类似性态度——意味着贬低或压迫女性——经常出现,也会使女性出现受虐狂倾向。

认为女性受虐狂症是一种相对现象——人们通常都这么认为——这种思考,如果以以下两个方面为基础,就是局限性的。

(a)似乎已在精神分析思维中成为一种固定模式的假设,即促成这种现象的原因是受虐狂驱动力,或者是满足这驱动力所引起的疼痛、痛苦或对痛苦的恐惧。基于这种假设是局限的,有必要强调进一步验证该假设的必要性。亚历山大假设,如果有一个人负担沉重,有可用的交通工具可以让他更容易到达山顶他却不用,那他就是典型的受虐狂。以这一假设为例,亚历山大似乎说的是事实,但反过来想,在大多数情况下,如果没有十分现实的困难，谁会背着沉重的包袱上山？

（b）缘于痛苦，或是缘于自己给自己的一些疼痛。可是，人们对相关资料的各种解释，只能运用有关部落历史的基本知识，因为在更原始的部落中，在这些痛苦或疼痛的背后，或许有一种魔术般的以逃避危险为最终目的的思维。也就是说，它们完全无关于实际的个人受虐狂症。

实际上更困难的任务是对问题（2）进行精神分析。对理解整个现象而言，这些资料可能对完成该任务有很大局限，因为它们只能表明对一般性受虐狂的态度。事实上，该任务的范围并没有超出弗洛伊德的密切关系到性欲和道德的阐述。但我们仍然可以提这样一些问题：一般性受虐狂现象主要涉及道德领域还是性欲领域？道德和性受虐狂，二者是彼此独立的还是起源于同一种潜在过程，或者只是所表现的形式不同而已？或者说，是不是有一种十分复杂的现象把受虐狂当成了自己通用的代称？

人们觉得，如果两种表现之间存在巨大差异，又具有如下共同倾向时，无疑就应该使用相同的代称来表达：准备进入幻想、梦境或真实世界，或准备进入意味着痛苦的情形中，那些一般人感觉不到痛苦的情形中可能还有一些特别的痛苦。肉体或精神都有可能承受这种痛苦。人们之所以愿意受苦，真正原因是通过受苦的努力可以脱离与痛苦相关的焦虑，至少能够得到一些满足。满足或对焦虑的脱离不是只有唯一的水平和领域：它可能是有意识的，也可能是无意识的；有性欲和无性欲的领域，它都可能会涉及。原谅自己的恐惧、允许犯下新的罪过、犯罪后求赎、具有唯一实现方法的目标策略、间接的敌意等形式，是它在无性欲领域范围内的具体形式。

当人类学家看到受虐狂现象的影响范围如此广泛，并不会受到鼓舞，而更多的是感到困惑和挑战，因为他们不能从这些一般层面上的阐述中得到什么。不过在如下情况下，他就能够随意处理更多的数据和资料了：他完全不顾忌某些科学领域会涉及的条件和功能，他调查的唯一基础是一种外露的态度，即那些具有明显和普遍受虐狂倾向并接受精神分析的患者所表现出来的态度。在这里只要列举出这些态度可能就足以实现完成调查的目标，无须对他们的个人条件详加追究。当然，并不是说每位患者都表现出了这些态度，只是说——每个精神分析师也已认识到——患者的症状整个来看是非常典型的。根据这一点，如果某位患者在开始接受某种治疗的时候就比较明显地表现出了一些倾向，尽管后期调查中会出现一些细节变化和差异，但人们仍可以对全部情况有一个可靠的预测。这些细节具体说来包括：这些倾向的出现顺序、每个倾向在全部倾向中分量的分布情况、为防止这些倾向而建立的一些防御（类型和强度各不相同）。

关于那些具有普遍受虐狂倾向的患者，究竟哪些资料和信息是有价值的？我们现在就来找一找。如下所述体现了这种个性的表面结构的关键点，当然，它们是我的个人意见：

在对抗强烈恐惧这方面，人们能够找到的宽容方式有许多。其中一种是放弃，抑制是第二种，第三种是不再害怕并转而乐观自信。受虐狂经常使用的一种特殊宽容策略是获得他人的爱。一种极强烈的焦虑情绪已经占据了他的思想，因此注意力和情感的持续宣泄对他来说是迫切的需要。这些宣泄他一向不认为有用，他对注意力和情感的需求在某种程度上也不重视。不过也有例外，就是说偶尔也相信它们。在与别人打交道时，他渴望人们能把必要的宽容给予他，最后却总是得不到——事实上从没有得到——心里期待的东西，这种结果很容易激怒他。因此，一般而言，依赖性和情绪化特别容易发生在他身上。他的期望包括“伟大的爱情”，能够经常想象自己扮演着一种非常重要的角色。对于性欲，他很容易评价过高，因为那是他最常用的一种宣发情感的手段；他有一种印象，一生遇到的一切问题都可以通过性欲得到解决，也就是说性欲是万能的。他在性欲方面有多么压抑，他的这种意识就有多深，他实际就有多么容易发生性关系。他的个人经历包括曾经的性关系，或者是发生性关系的尝试，结果往往是产生被抛弃、被羞辱、被无情虐待和压迫等感觉，也就是说，他体味出了一种挫败的爱情。即便是无关性关系的个人经历，从实际无能或感觉无能或乖乖顺从的阶段，到扮演光荣牺牲者并产生被虐待和剥削的阶段，也都会表现出同样的倾向。没有这种倾向，自己特别无能或生活事实上过于残酷的想法就会涌进他的脑袋。但生活残酷实际上根本不是事实，人们在精神分析的情境中很容易看出，而他之所以持续地认可这个观点是受一种顽固倾向性的作用。进一步说，心理分析将揭示出这种倾向性已经达到一种无意识水平，他的挑衅和不满情绪都将被这种无意识激起，进而他会觉得自己被羞辱、被伤害和被虐待，其实没有任何实际原因。

正是因为他人的体贴和同情对他相当重要，因而对他人的极度依赖就很容易形成。在他与精神分析师的交流中也很容易看出这种极强的依赖性。

自己真正接受任何形式情感的能力是他从来不相信的。对自己自尊水平的贬低，是出现这种情况的一个比较明显的原因。他感觉自己很令人讨厌，可爱度也很欠缺。反过来说，正是由于没有这种自信，他才会觉得能够满足自己情感需要的唯一方式就是保持并把自己的不自信、无能和痛苦表现出来，因为这种方式会让大家同情他。人们逐渐发现，主要是由于被称为“过分攻击性”的影响，他才会降低自己的自尊水平。我在这里所说的自尊水平，指的是有如下特点的工作能力：在行为上努力付出、精神上主动、做事有始有终且前后一贯、取得成功、适时保护自己、主动维权、有主见并适时表达出来、不断制定目标并实现、能够根据目标进行生活规划①。受虐狂为什么在生活斗争中经常感到危机甚或无助？为什么会依赖他人？为什么迫切需要他人的理解和支持？一个一般层面的解释就是，他们在以上所述工作能力方面有普遍的压抑感，这种压抑感别人往往也能觉察到。

还有一种原因使个体不能保持自信，那就是在任何竞争中都要退缩的倾向性。精神分析学派的研究将这种倾向性清楚地呈现给了我们。受虐狂会一次次尽最大努力自我反省，以求避免竞争的可能风险，他们情感上的压抑和郁闷在一定程度上说就是由此

① 在精神分析领域的研究中，关于这些压抑的病理原因的重大意义，舒茨–维克的《命运与神经官能症》进行了特别强调。——原注

引发的。

人们的敌意会在这种自我挫败倾向的基础上产生，却不能随意表达出来。因为人们感觉到在爱情方面的自信——避免焦虑情绪之动力的集中源泉——会受到敌意表达的影响。于是发挥巨大作用的反而成了无能和软弱。时至今日，敌意的间接表达手段就是展现自己的无能和软弱。

人类学调查可能犯错误，一个主要来源就是对这种可观察的态度的典型运用方式。在这种运用方式中，“防御”这一层面纱经常遮挡住受虐狂的态度，使后者不能足够清晰。因此，要清楚地看到这种态度就必须摘掉面纱。但是“防御”所使用的表面形式多种多样，也就是说，这种调查远远不能详尽揭示出这些防御，因此，最后还是观察不到这些受虐狂态度，它们必将逃之夭夭。

我们现在不妨对可观察到的受虐狂态度进行一个回顾。我给人类学家的建议是，无论这些态度的动机是多么深层次的，关于下面这些表现的各种数据和材料必须要搜集到：

（1）直接表达自己的压抑时，苛求和攻击的他人。

（2）有自己无能、自卑或不如别人的感觉，并基于这种感觉要求他人顾全体贴自己，这种要求可能是潜在的，也可能是显露在外的。

（3）对异性特别依赖。

（4）自我奉献、认同、自我价值认同、容易归咎异性的倾向性不断表现出来。

（5）博取爱和征服他人的主要策略是显示自己的无能和自卑。[①]

通过这些数据和材料，我们能够发现女性比男性更频繁出现受虐狂症的社会条件或文化心理条件是怎样的。

对于女性受虐狂的精神分析方面的经验，我已经进行了直接而简明的归纳。除此之外，在这里我还要大概总结一下，哪些原因使女性更容易有受虐狂症表现。我迫切希望在一切文化情结中都会出现这些现象。具体说来，下列一种或多种因素都属于文化情结：

（1）性宣泄的各种消除条件或阻碍条件。

（2）限制要孩子的数目。拥有和抚养孩子是女性获得满足的方法，而且这些满足是多种多样的，比如温和、成功和自尊。这一点的重要性和意义，将在计划生育成为社会评价的重要尺度时突显出来。

（3）目前女性不够自信的一个重要原因是，给女性的评级一般低于男性。

（4）女性在经济上对男性或家庭的依赖。经济依赖造成情感依赖，情感依赖又养成习惯性的情感适应，并表现在行为上。

（5）女性的生活范围有限。这更多地体现在家庭生活、信仰等情感生活方面。

① 有一点可能会让精神分析的读者吃惊，现在我要作一个说明。我所列举的，不只是那些对童年期有显著影响的。但是，下列事实也是人们需要考虑的：有些因素是间接通过家庭——尤其是通过成长环境——对女性造成影响的，而孩子必定会觉察到它们；受虐狂态度与其他神经质态度相类似，主要发生在童年时期，但对一般病例而言，主要的决定因素和影响，是长大之后的生活条件，童年期的影响还不至于严重到直接塑造这些病例的性格。——原注

（6）女性当中适宜结婚者越来越多。特别增强这种现象的因素是，结婚意味着有机会满足性欲、有孩子、有归属和得到社会认可。[①] 在（3）与（4）中的那种对情感上依赖男性的支持,在这里也体现出来，因此这是一个相当重要的因素。这种发展一般不是无意识的、自动的，相反，其塑造和影响者通常是现有的男性意识形态。截止到今天来看，它促使女性互相进行激烈的竞争，因此还算适宜。但对受虐狂现象的形成过程，竞争中的退却所起到的作用如同是“催化剂”。

类似专业上追求卓越的竞争性努力的其他发展渠道如果都被堵死了，就会激化女性之间强烈的性竞争。如果女性的发展出现了偏离，似乎不应归咎于某一个单独因素，而应是多个因素，而且它们之间存在紧密关系。这说明以上因素实际上会有一定程度的互相交叉和重叠。

以下事实也是需要考虑到的：在某一文化情结中，如果出现了以上提到的一些或全部因素，那么关于某些女性特征出现的某些意见——比如柔弱、情感细腻、喜欢依赖人、独立工作和自动思维能力不足等是女人的天性——将可能是呆板的。这些偏见往往会诱导人们，使人们相信女人的受虐狂特性也是天性，并相信这是精神分析。这些呆板意见使女性这个角色是可以改变的，并

① 要注意，这个因素的有效性，可能会被某些社会规则削弱，比如包办婚姻。弗洛伊德的女性一般比男性更容易有嫉妒行为的假设，就是受此启发。这个观点的正确性，只局限在当前的德国和奥地利文化。对它的预测如果在更单纯的个体解剖生理学来源方面进行，就是考虑到阴茎嫉妒，还要令人信服，就恐怕比较难了。在个别病例中，它或许是令人信服的，但是，像提到的那种根本性争议，同样可能围绕它发生，如果预测它时不考虑社会条件的话。——原注

使女性顺从于下属角色，但很明显这不是它们唯一的影响，它们还使人们相信女性对成功的渴望和追求已经通过它们表达出来了。在物质方面说，这些呆板意见显示出男人更多爱慕的是较具体的女性特征，而这一事实强化了它们对女性的影响。这意味着，一个女人的实际形象是否与女性特征形象一致，决定了她可不可能获得性爱。因此，在这样的社会组织中，女性会赞同并支持受虐狂态度——其实就是受虐狂症，后者是相对前者更准确而温和的表达——但男人会加以反对，不予认可。这么说一点也不夸张。女性令人向往和值得追求的特性有：对异性如同藤蔓依附般的极度情感依赖，对爱情的忠贞，抑制情感蔓延，发展的持续性。如果一个男人具有这些特性，别人反而会耻笑和排斥他。

这些文化因素给女人造成的巨大影响，在这里已经清楚显现出来了。挣脱文化影响的女人能够在一定程度上克服受虐狂行为，这是在我们的文化背景下可以看到的现象，但与此同时，女性身体生理特征、精神领域等诸多因素的干扰，实际上不是特别容易摆脱的。

然而，那些只系统地总结自己有关神经质女性的精神分析经验的学者认为，影响我所说的文化情结的，只有身体生理特征（如前面提到的达伊奇就是这么做和这么想的）。他们做出这种过分总结，而在这种类型的人类学研究完成之前进行争论没有任何价值，也毫无意义。不过，在女性身体组织中，对她们认同受虐狂角色来说，有些因素是真正有利的，我们不妨分析分析这些因素。我认为，女性的以下几个身体生理因素可以提供良好条件来促发女性受虐狂现象：

（a）就平均水平而言，男人的体质力量强于女人。人种学家认为这种性别差异是先天确定了的，它目前的存在是无法改变的。软弱与受虐狂症并不完全是一回事，这是事实，但是女性情感中的受虐狂角色成分有可能由于体质力量较弱的意识而增多。

（b）女人被殴打、征服和伤害等各种想象与被强奸的可能性有关。

（c）人们容易认为，月经、被破身和生小孩这些过程是受虐狂症为发泄自身而主动找到的渠道，因为它们都伴随着流血或痛苦。

（d）能够有力阐明受虐狂症的一个类似条件是性交方面存在的生物学差异。性虐待狂症和性受虐狂症在本质上几乎与性交无关，但是在性交过程中扮演受虐狂角色的一般是女性，虐待狂扮演者一般是男性。

这些生物学现象对女人来说完全不意味着受虐狂症，也完全不意味着激发行为上的受虐狂式反应。但是受虐狂的幻想可能会特别容易地吸收受虐狂的需要，如果在其他来源[①] 上有这种需要的话。同时，生物学功能在受虐狂方面的发泄由于这些需要而得以实现。而且，关于女性体质与女性受虐狂之间关系的附属推断都是不真实的。女性受虐狂行为的可能性是女人自身具备且提供出来的，这是唯一可以承认的推断。下述事实提醒我们，高估以上

① 在我的记忆中，它就是受虐狂态度的来源问题，关于它的论述我放在了后面。—— 原注

任何一种因素都是不对的：观察非受虐狂的女性发现，成功的精神分析能够消除受虐狂症的一切表面特征。

总结：与女性受虐狂症的问题有关的因素，不可能只有女性先天的解剖学—生理学—精神性的因素，必须考虑到文化情结或社会组织在某一特定女性的成长过程中所发挥的作用，是它们将其塑造为受虐狂女性。要得出人类学研究的结论，要求我们能够在几种不同的文化里使用有效的精神分析标准，但要最终确定，接着还需要比较这两组因素的重要性。然而，论述这个主题的一些学者，显然过高估计了女性先天的解剖—心理—精神因素的重要性。

十四　青春期的女性人格发展

有的成年女性有神经症，有的有人格障碍，对她们进行精神分析，往往发现如下两种情况：

（1）决定性的冲突，在所有案例中都开始于童年早期，然而其人格最初发生变化的时期是青春期。在这个时期，她们往往不害怕身边环境，只把这些变化当成眼下自然且短暂的问题，有的甚至觉得它们是值得渴望的，意味着自己前途光明，而不觉得自己的未来会被它们毁坏，也不觉得有必要接受什么治疗。

（2）这些变化最初发生的时间，大约与月经初潮同时。这种联系本身向来都不够明晰；即便明晰，月经带来的心理暗示患者却看不到或已经“忘记”，因而意识不到这一暂时性的巧合，即便观察到了，也不会留意过多。真正的联系还被掩饰和隐藏了起来，那就是人格变化的发展与神经质症状的发展相反，是逐步完成的。一般而言，患者看到这种联系，要等到感受到月经影响以后，而且那时已是自发地观察了。

对于女孩的这些变化，我目前倾向于划分出如下四种类型：

（1）对能够提升精神境界的活动感兴趣；逐渐厌恶身体的性爱部位。

（2）对性爱部位感兴趣（其实是对男孩着迷）；觉得工作无趣，工作效率低下。

（3）“在情感上独立”，在态度上学会了“不在乎”，无论做什么都无精打采。

（4）形成同性恋倾向。

就这些变化的整个范围而言，像卖淫和犯罪的这样的发展也有可能存在，我却没有囊括进来，因此，这个划分是不完整的；它所囊括的变化只限于那些来我这里接受治疗的患者，于是我有机会对她们进行直接的观察，或者进行推断。此外，这个划分是对行为类型的划分，而这要求所划分类型界限分明，但在现实生活中，经常会出现各种转变和混合，因此，它也可以说是武断的。

对两性在解剖和功能上的差异，繁殖的奥秘，有些女孩表现出一种自然的好奇，男孩对她们很有吸引力，她们喜欢和男孩玩在一起。她们属于第一组类型。她们对心理、宗教、伦理、艺术或科学的追求，在青春期前后突然变得兴趣高昂，与此同时，她们不再对性爱部位感兴趣。经历这种变化期间，家里人很满意女孩的这种认真以及调情特质的不足，因而前来接受治疗的女孩当中一般不会有她们的踪影。这种变化带来的困扰，最初并不明显，只是在后来的生活中才显现出来，特别是婚后生活中。在这些年里，她们对心理活动的一些兴趣会发展出来；她们觉得不再喜欢男孩，跳舞、约会和调情这些事情几乎都不值得尝试，于是越来越疏远男孩，其实她们特别反感性欲，只是自己在很大程度上意识不到。基于以上两种主要原因，这种变化的病理性质很容易被忽视。

第二类女孩的表现完全相反。她们充满了天赋和希望，除了男孩不喜欢任何东西，思想无法集中，半途而废是她们每个心理活动必然的命运；在性爱部位上，她们投入了所有的精力。人们认为这是“自然的”转变，就像相反方向的转变一样自然。专注于男孩、跳舞和调情，对这个年龄的女孩来说是“十分正常”的——这种合理化，其实是一种“防御”。如果真的是“正常”的，女孩爱上许多男孩，却不真正在乎其中任何一个，这种强迫性趋势就是无法解释的。一旦确信自己已经征服男孩，她就会抛弃他们，或者激怒他们而被他们抛弃。她觉得自己对别人完全没有吸引力，尽管有证据显示事实刚好是相反。她们一般会不涉及已实际发生的性关系。她已经形成性方面的冷淡，这是回避实际性关系的真正原因，事实上，她最初决定那样做时就出于性冷淡。可她把这种态度处理得合理了，况且社会也要求不可热衷于性。抑郁或忧虑的情感会在男人对她的崇拜散场时笼罩着她。另一方面，由于对男孩的全神贯注已经先入为主，她的其他兴趣只好退居幕后这一事实“自然”导致了她对工作的态度，那态度不是“防御”所暗示的“正常的”。然而，在现实生活中，她有很大的野心，因为每每感觉到自己的无能，她都很激动。

第三类女孩的转变是变得非常压抑，这体现在工作和爱情两个方面。表面看来，这未必是明显的转变。人们可能感觉到，她能够良好地适应环境，完全可以应付社交，男性和女性朋友都不缺，很有经验且不管什么都敢直言不讳，毫无压抑的样子，偶尔发生某种性关系却不动感情——这些都是从表面上看到的现象。她远离人群，在自己与他人之间，她充当着观察者，她能够跳出自我看待生活，总之，她是独立且自成一体的。自己与他人之间的情感纽带既不积极也不深入。就是说，疏远人群可能会让她欺骗自己，但是，对此她至少有时能够敏锐地觉察到。她看不到任何事的重要性，常感觉生活中充斥着虚假和无聊。她有活力和天赋却不够爽快，两者显然有不匹配的地方。

人们最广泛了解的是第四类，也是最容易刻画的一类。这一类女孩完全不理男孩，与其他女孩的爱恋或友谊关系却发展得相当炽烈。她们可能意识到了这种倾向中的性特征，也有可能意识不到。如果能够意识到，她可能会产生自己是罪犯一般的强烈内疚感。这可能会改变她对工作的态度：她难以承认自己或存在效率与时间之间“神经质障碍”的原因，正在于她的野心以及她偶尔表现出来的精明干练。

女性自信意味着缺乏安全感，对男人的态度自相矛盾或敌对，“爱”——在这个术语任何可能的意义上——无能，是这四种类型女孩的共同倾向。尽管她们截然不同，但只要观察足够准确，即便是表面观察，也能够清楚看到这些倾向。对这些倾向进行一种歪曲式的反叛和夸张，是她们唯一的解决办法，除非她们稍微放弃对女性角色的躲避。在所有这些案例中，与性相关的内疚实际比她们已经承认了的内疚多很多，这正应了“那些嘲笑镣铐的人并不都是自由的”[①] 这句俗话。

另外，还有一种相似性，它通过精神分析的研究揭示出来。

---

① 参见席勒的《嘲笑镣铐并不意味着自由》。——原注

它更加令人惊讶，而且，即便相似，这些女孩在生活态度上也表现了多处不同，可人们很容易忘记这些差异，原因正在于它出现的次数数不胜数。这相似性就是：对于每个人，无论男女，她们都感到自己存在一种一般性敌视。但是，她们对男性的敌视，在强度和动机上表现出了诸多差异，诱发这种敌视比诱发对女性的敌视更容易；她们将自己对女性的敌视埋藏在内心深处，因为她们发现，那种敌意是绝对具有破坏性的。对于这种敌意的存在，她们可能有模糊的意识；至于这敌意的真正范围、暴力程度和残酷性，她们从来都不知道。

对于手淫行为，她们予以否认，更不承认曾经起到一定作用，最好的情况也只是有可能记起曾经手淫——总体而言，她们的态度都是强烈的防御。在意识水平上说，她们非常真诚地否定手淫，就是说，她们真的不去手淫，或者极秘密地进行，她们并不具备渴望那种行为的意识。但是，确然存在的、强有力的手淫冲动，完全远离了她们人格的其他部分，同时，由于大量内疚和恐惧的混入，这种分离隐藏了手淫冲动。这是后来的精神分析所表明的。

回到敌对情绪上来，使女性产生这种情绪极端化的原因是什么？可在她们的生活史中寻找，可是只能找到一部分。有事实支持并表明，她们温情、怜爱、理解、偏袒兄长等特性的缺乏，对性纯洁过于严格的要求，都源于对母亲的责怪。但她们自己觉得，她们心里虽有怀疑、轻视和仇恨，却不至于酿成那么深的敌意。

然而，这敌意却真实地体现在她们对女性精神分析者的明显态度上。下述情况在她们身上都逐渐显现出来：深信精神分析者不喜欢自己；怀疑精神分析者真的想加害自己；对精神分析者的幸福和成功表示憎恨；特别地指责、干涉或想要干涉精神分析者的性生活。当然，在此要忽略细节上的技术差异、个体差异、防御差异、所讨论类型特征的不同。

这一现象是对内疚感的一种反应，是对恐惧的一种表达。在精神分析情境下，由于蔑视及打败分析者的倾向，她们做出实际行为，因此，随着研究的深入，人们对她们的忧虑确有原因这一事实的认识将越来越充分。当然，她们自己的极限可能不会同时打破，但这已经无关要旨。

然而，实际行为只不过表达了一种现实存在的敌意，人们若要揭示敌意的整个范围，只能进入幻想生活中，这种幻想生活就像是在梦境或白日梦出现的一样。敌意在这里存在的形式，是最冷酷、最古老的。

她们内心深处为什么对母亲和母亲形象感到内疚？为什么手淫能够完全被抑制住？为什么手淫压抑和恐惧混在一起？有了上述没有伪装的、存在于幻想中的原始冲动，人们将逐个理解这些问题。愧疚感伴随手淫而产生是很容易理解的事，这是因为，在手淫的同时总是进行幻想[①]；与内疚感有关的，是幻想，不是肉体过程。能够被压抑的，只是肉体过程和手淫的渴望，但幻想总能以不同程度进行。幻想之所以保留着某些幼稚的特点，是因为它曾在早期受到压抑，个体对这些压抑的后续反应，就是感到内疚，

① 从前后文来看，至少包括肉体被破坏、被发现并遭到嘲笑和指责的幻想。——译注

尽管个体已经意识不到这些压抑的存在了。

但是，手淫的一个极重要部分就是肉体，基于害怕肉体被破坏、伤害和无法修复，手淫时产生了强烈的恐惧。至于恐惧什么，现在手淫者自己并不知道，但我们已经看到了这种恐惧的花样繁多的大量伪装性表达，它们是从十足忧郁症恐惧中发现的，是如下一系列的害怕，即害怕“我”这个女人出了什么问题，不能结婚生子，没有吸引力（害怕没有吸引力是所有案例中的共同表现）。若追查到底，肉体手淫确实是这些恐惧的直接来源，但是，要理解它们，只能从手淫的精神含义出发。

“母亲和其他女性会不会用我幻想着破坏她们的方式破坏我？我这种害怕是合理的，因为我已经对她们进行那种残酷的破坏性幻想了。”这才是这种恐惧真正潜在内涵。

至于她们和分析师在一起时为什么感到不舒服，原因在于害怕遭到相同的报复。她们已经意识到自己相信分析师是公平的，相信自己对她的依赖，但是，那种悬在头顶上的剑终将落下的深刻感觉，仍存在于脑海中，而且她们无法控制。另外一种不由自主的感觉是，精神分析师可能是在敌对并故意折磨她们，要么让她生气，要么自己的敌意被她揭示，这是她们面临的两种危险，她们刻板地认为必须二选其一。

对于自我防御的重大必要性，她们能够轻易理解，因为受到一种致命打击的恐惧经常光顾她们。她们实现自我防御的方法就是逃避精神分析师，以及尝试打败她。这就把她们防御的内涵提到了一个较高层面。她们对母亲的大部分憎恨也与此类似，即具有这样一种关乎内疚的恐惧，她们逃避这种恐惧的方法，正是感到内疚，以及反对母亲。

如果这是一个艰难的过程，与母亲对抗的主要情感来源也容易受到情感上的影响。我们尝试让她们跟其他女孩竞争，并一开始就发现，除了第二组女孩会抱着巨大的忧虑参与，其他组的女孩都谨慎地避免参与，而且都即刻退出有其他女孩竞争的场合。这一事实正体现了这些情感影响的痕迹。她们之所以感觉自己不如身边的任何其他女孩，是因为深信自己没有吸引力。我们发现，她们在这场斗争中避免竞争性表相的方式，与对待精神分析者的方式相同。就是说，在她们无助地觉得不如分析者的时候，可能还在暗地里进行实际的竞争性斗争。她们心里已经蔑视了分析师的外表和衣着，却抑制着这种想法，对她们来说，流露出这种想法意味着极度的尴尬。这说明，就算她们最后只好承认自己的竞争意愿，还是尽量不涉及显示女性特质的竞争性对比，她们在工作中的智商和能力是她们唯一愿意谈论的。

强烈的竞争在她们的童年时期就存在了，与母亲或姐姐的竞争尤其强烈，因此，她们现在觉得必须要避免竞争。与母亲或姐姐的竞争是自然的，不过，在以下某个因素的作用下，这种竞争会极度强化：过早成熟的性发育和性意识、早期遇到的妨碍自信的威胁、父母由于婚姻不和而强迫女儿选择跟谁、来自母亲的或公开或暗示的拒绝、父亲的由衷疼爱使小女孩更倾向于跟父亲有性接近——甚至公开表现出来。我们在简要概括这些事实后发现，它们已经形成了如下恶性循环：嫉妒母亲或姐姐，并与之竞争；幻想中出现对她们的敌意冲动；感到内疚，害怕受到袭击和惩罚；防御性敌意；恐惧和内疚越来越强烈。

如我所言，在手淫幻想中，来自这些根源的内疚和恐惧已经沉淀成最坚固的基石。但不只是手淫幻想有这些内疚和恐惧，它们存在于所有性渴望和性关系中，只是程度上有所差别。女性与男性的性关系中也渗入了内疚和恐惧，而同时笼罩着这关系的还有忧虑。有的女性不满于自己跟男人的关系，这是事实，要问其中原因，在很大程度上归咎于她们的内疚和恐惧。

当然，这种结果也可以有其他原因，即她们对男性的态度可能会更直接地导致这种结果。不过，这态度与此文要强调的观点没有什么关系，因此我只是稍带提一下。过去对男人体现为失望并引起一种隐秘的报复渴望的憎恨，现在可能仍然存在于她们身上。而且，对于男人的拒绝，她们能够预期到并做出敌对性反应，因为她们意识到，自己的其他某些情感表现是不招人待见的。事已至此，她们只好逃离自己的女性角色，并通常会形成男性奋斗时所表现出来的特质；与男性的关系中，她们也倾向于竞争，而且是在男性领域跟男性——而非女性——进行竞争。这一切都是因为女性角色包含了太多冲突。如果她们特别渴望这种男性角色，可能会对男性形成一种意在贬低其能力的强烈嫉妒。

女孩在青春期有一种力比多紧张的增强，对性欲的要求也更加苛刻，如果她再拥有上述的心理结构，内疚和恐惧这种障碍是必然要发生的，而且还可能由于实际的性经历得到强化。有些女孩害怕手淫会破坏身体，她们在情感上感觉到，青春期开始的月经确证了那种担心。表层的理解和深层的恐惧是无法结合在一起的，因此，在这个问题上，有关月经的理性知识不会带来任何帮助。眼下的情形越来越严重：渴望、诱惑和恐惧都达到了十分强烈的程度。

一位患者说：“与其让焦虑实实在在地打击我，还不如让我死掉。”这说明意识性焦虑带给生活的长期困扰似乎是我们无法忍受的。因此，寻找保护自己的手段对我们来说是重要的，尽管这种寻找是被迫之举。比方说，我们会不自觉地尝试改变生活态度，避免焦虑或建立对抗焦虑的堡垒，都属于这种尝试。

基本性的冲突是以上所述四种案例共有的。避免焦虑的各种方法就以这些冲突为代表。实际上，她们在方法选择上的差异是性别类型差异的结果。这四种类型可能都想避免同一种焦虑，却形成了相反的性格，并趋向于对立。第一类案例中女孩保护自己远离恐惧的方法是，完全避免与其他女人的竞争，以及尽可能逃离女性角色。她们的竞争欲望已经被迫脱离了原先扎根的土壤，转移到了心理领域中。截至目前，为男人而进行的竞争，已经排除了为得到最好性格、最高理想或为成为最棒学生而进行的竞争，这极大地减轻了她的恐惧。但与此同时，她还是会努力做到完美（只是少了竞争），这对克服其内疚感来说是有利的。

这种解决问题的方法当然是很激进的，但短期内来看，其优势也很大。这种自我满意可能会持续很多年，但是，对立的一面迟早会在接触男人时凸显出来，特别是打算与男人结婚的时候。人们可能会看到，这一类型的女孩竟突然变得完全不再知足和自信。原先作为女孩，她是满足、快乐、精干和独立的，而现在变成的这个女人，不满足，深感自卑并为此困惑不已，容易压抑自己，把婚姻的责任强行加给自己。她变得性冷淡，对待丈夫的态度，不是真正的爱，而是一种广泛存在的竞争性态度。

与其他女人的竞争态度，第二类案例中的女孩是不会放弃的。她非常清醒地对抗着其他女人，而且会抓住任何战胜她们的机会。她所具有的那种焦虑漂浮不定，与第一类相反，她选择依靠一个男人的方法来避免这种焦虑。第一类女孩撤离战场，而第二类却努力寻找朋友结成战略联盟。男人的羡慕让她们产生无休止的渴望，但这绝不意味着她们强烈需要得到性的满足。有事实表明，她们在实际性关系中也是性冷淡者。她们的自信心由于拥有男人而提高，这一事实明显表现在她们无法拥有一个或几个男朋友的时候，那时焦虑就浮现在表面上，孤独感、不安感和失落感开始俘获她们。如果有男人羡慕她们，就能够缓解她们担心自己“不正常”的忧虑。我已经在前面说过，正是由于害怕手淫破坏身体，她们才会有这种忧虑。她们跟男人的性关系，不可能令她们满意，因为她们有关性的内疚和恐惧太多了。因此，为了提升自己的信心，她们唯一能做的，就是重新获得征服男人的力量。[①]

现在说第四类，此类中潜在同性恋者解决问题的办法是，尝试对自己的破坏性敌意进行“我不是恨你而是爱你”式的过分补偿。

① 我的论文《太过看重爱情》发表于《精神分析季刊》，它更准确地阐述了这种类型在女人身上起作用的机制；亦可另见本书的《太过看重爱情》一章。——原注

这种变化在人们看来，可能整个是对憎恨的一种盲目拒绝。个体因素将决定她们每个人在这方面的成果的大小。对那些有意识且能够吸引人的女孩，她们往往极其凶残，当然，是在梦里。她们的攻击行为，最后转向了自己。例如，当她们不能成功跟其他女孩建立关系时，绝望就会占据她们，并经常把她们引向自杀这条路。

她们的发展像第一类一样，即对自身女性角色的完全逃离，不过，变成男人的幻想是唯一的不同。她们与男人的关系，在不涉及性的方面一般没有冲突，而且，她们与第一组完全逃离性欲的表现不同，只逃离异性恋的趣味。

在第三类案例中，女孩努力寻求方法解决问题的驱动力，跟其他类型有根本的不同。成就、男人或女人，在情感上依附什么东西以求安心，是所有其他类型女孩要达到的目的，而第三类女孩的主要的目标是减少恐惧，为此她们会抑制自己情感生活的发展。保护自己不焦虑的一个原则是，“你若想不受伤害，就千万不能陷入情感之中”。这可能是最有效和最长效的，然而，似乎必须付出极高代价，即极大削弱自己的活力和自发性，大幅缩减可利用能量（至今看来依然如此），才能实现这一原则。

通过动力学的分析，以上陈述揭示了这四个类型中的人格变化。人们若要不误解我的陈述，就需要熟知一点，即心理动力学的复杂情结所带来的那种结果，表面看来是十分简单的。“解释”同性恋或冷漠现象并不是我的目的，我只是要说明：在我的某种角度的描述下，这些现象其实代表着不同的或伪装的方法，而这些方法的目的是解决类似的潜在冲突。女孩的自由意志力并不是她们选择哪种方法的决定性因素，真正严格的决定性因素是女孩关于童年的一连串事件，以及她们对这些事件的反应（其实，“选择”这个术语就有可能包含“反应”的意思）。可选的方法似乎只有一种，因为情境可能具有如此强制性的影响。这样一来，人们遇到的类型将更单纯，得到的描述将更清晰。至于这些女孩之外的其他人，在青春期或青春期以后，她们可能会放弃一种方法，转而尝试另外一种。例如，一个原本属于淫荡类型的女孩，可能趋向于禁欲。这是受某种力量驱使的结果。人们还会发现，女孩可能会同时使用不同的解决方法。例如，对男孩的痴迷和冷漠倾向，可能集中于一个女孩身上。但从表面看，第三类女孩所采取的方式从不包含这种可能性；非意识水平的过渡，可能存在于第一类和第四类之间。在这种情形中，出现了倾向性的变化和典型混合，它们可能对我们的理解造成特定困难，除非我们对体现在纯粹类型中多样性态度的基本功能已经有所了解。

最后，我还有一些评论，是关于预防和治疗的。青春期的任何预防措施，比如合理地启发对月经的了解，都已经为时过晚。我希望人们能够明显看出这一点，即便以上陈述只是大致的轮廓。如果达不到智慧的水平，启发就不能被接受，而早期恐惧已经成为潜藏的障碍，无论如何是去除不了的。若要预防措施有效，必须在生命之初就展开。在孩子的教育上，应启发他们的勇气和耐性，而不是恐吓他们。我认为，这是达到目标的一个合理方式。然而，有待详述的一点是，一切普通的形式往往可能不是帮助，而是误导，因为，从中能够推断出怎样的特殊而精确的含义完全决定了它们有怎样的价值。

谈到这些障碍的治疗，良好的生活环境或许对轻度障碍有效。在整个人格中这些障碍表现出了一种不稳定的基础，这种表现与任何单一的神经质症状相反，于是我怀疑有些精神科医生所使用的工具不是特别灵敏，怀疑他们在进行精神分析时是不是更容易接近这种清晰的人格变化。我们不能忘了，“生活的治疗或许是更好的”。

十五　对爱的神经质渴望

我今天的讨论将以“对爱的神经质渴望”为主题。关于这个主题，已有最新观察，同时也有临床资料。你们见过对临床资料的描述——以一种或多种方式——而熟悉它，所以我可能不会向你们展示最新观察。我必须在这个主题的几个点上集中去论述，因为它太过庞大而复杂了。说明相关现象时，我将尽可能简洁，同时把这些现象的意义说得更明白一些。

“神经质”这个术语在我看来不是情境化的，而是指向性格，就是说，几乎整个性格（每种情境下）都表现出这种始于童年早期的症状。

而我所说的对爱的神经质渴望，指的是一种意识现象，该意识现象目前几乎见于任何神经症中，只是呈现的形式和程度各不相同。它所表现出来的神经质渴望，更多的是被爱、被尊重以及得到了解、帮助、劝告和支持。这些需求可能给患者造成挫折，而对这些挫折的高度敏感性也属于它的表现。

问题在于对爱的正常需求和神经质渴望的不同。“正常”一词在我的定义中指的是做事时对文化惯例的一种遵守。我们的生活由于得到爱而充实，我们由于被爱而感到幸福，所以我们都希望被爱，都喜欢享受爱。在这个意义上说，对爱——说是被爱更准确——的需求，并不是神经质的。变得神经质意味着大幅提高了对爱的需求。这方面的例证都是一些众所周知的现象，比如，一反往日友好态度的服务员或报刊亭摊主，大家在晚会上互不友好相待，都会破坏人们的心情。我想，举出这两个例子就足够了。

一个尊重和依赖别人的健康人，也会看重对方对自己的爱、以礼相待和尊重，而当一个人对爱的需求是神经质的，就会强迫对方也这样对待自己，而且无法区别他们的对待与别人的对待。这句话就概括了对爱的正常需求和神经质渴望之间的差异。

要清楚地看到这些反应，可以对患者进行精神分析，因为患者与分析师的关系不同于人与人的一般关系。相比人们在日常生活中对这些反应的观察，医生在精神分析中对患者的观察更加容易，因为它不必介入患者的情感，而且患者可以无拘无束地联想。接受精神分析的神经症患者，特别愿意做出牺牲以求得到分析师的认可。同时，他们极其敏感于可能让分析师感到不快的任何事情；即便症状再怎么不同，我们也都能够频繁观察到这种意愿和敏感性的强烈程度。

我要强调的是，在我们文化中神经质地需求爱的一个极常见表现是对爱过分地重视。有一类神经质女人，他人的奉献、爱或关心一旦消失，她们就开始伤心，感觉极度不安全，并产生抑郁情绪——她们尤其过分重视爱。我还指这样一些女人：她们具有强迫性的结婚愿望，她们如同受过催眠一样，总是只关注着结婚这一个生活事件。然而，她们已经完全丧失了爱的能力，完全无法处理好自己与男人的关系；即便拥有创造性的潜能，她们也发挥不出来。

不满足是爱的神经质渴望的一个重要表现，例如“你只能爱我一个”这样的话。这是一种极端嫉妒，可见于诸许多婚姻、爱情和友情。在这里，我理解的嫉妒反应就是不满足，没有什么理性因素的基础，而且只是“别人爱我”的单向要求。

“不管我怎么样你都必须爱我”，这体现了对爱的无条件需求，是爱的神经质渴望的另一种表现形式。在刚开始进行精神分析的时候，这个因素显得尤其重要，因为我们可能会形成如下印象：患者不是想攻击谁而在行为上挑衅的，主要是出于“你会一直接受我吗，哪怕我很令人讨厌”式的由衷渴求。面对分析师，这些患者好像在说：“我就知道你终究无法接受我。”这种责怪是由于她们注意到了分析师声音的细微变化。无条件的爱的需求似乎会说出这样的话：“付出爱并得到回报，那还不简单！没有任何回报依然爱我，才是真的爱我。”可见，这种需求的一个表现是，只要求被爱，毫不考虑付出。事实上，医生的主要目的确实不是提供帮助，他进行分析患者是必须要支付费用的，如果不这样，医生对患者的治疗将是毫无回报的，因此这没什么可以责怪的。还有，“我可以给你性的满足，这就是你爱我的唯一原因”，可见，这种单向付出的要求甚至体现在她们的性生活中。对方要向这种患者证明自己是真爱，就必须敢于在道德、价值观、荣誉、金钱、时间等方面做出牺牲；如果从对方的任何举动中都看不出这种绝对要求，她就会认定对方拒绝了自己。

神经质者渴望得到的感情是真正的感情吗？还是说，他的目的不是什么物质收获？有没有可能爱的要求只是这样一种潜在愿望的表层现象，即希望从另一个人那里得到什么，比如帮助、时间、金钱、礼物什么的？在观察爱的神经质渴望时，我经常拿这些问题自问。

一般观点是无法回答这些问题的。情感上的收获，似乎是那些真正渴望得到情感、尊敬、帮助的人毫不在意的，但还有另外一种极端，就是他们只想压榨并得到一切可得到的东西。从一种极端到另一种极端，中间有各种转换和细微级差；同时，这些人当中的不同个体也有很大差异。

下面的表达或许很贴合这一点："你关于爱说了这么多，可惜全是废话！还不如来点实在的！"那些有意识地毫不接受爱的人，就会说出这样的话。爱这种东西，已经被他们完全毁坏了，早期生活里的沉重痛苦使他们确信爱并不存在。对这些人进行精神分析，这个假设似乎得到了证实，因为我们发现，他们也会开始相信爱心、友谊和感情存在的可能性，只要他们接受分析的时间足够长。接下来的反应是，他们不再具有无休止的渴望，不再迫切想要物质收获。也就是说，越来越占上风的是被爱的真诚渴望，尽管开始分析的时候它是很微妙的。对爱的无限渴望和一般贪婪之间的联系，也有一些案例能够清楚表明。有一种循环可能会多次重复出现：在发展出爱的关系但由于某些内在原因破坏了它们的时候，这些以不满足为性格特征的神经质者，开始无休止地进食，直至其体重增加二十磅甚至更多，但这些增重会在他们开始一种新的爱情关系时消失。

对拒绝的极端敏感性也预示着变得神经质地需要被爱。歇斯底里症患者经常出现这种敏感性，一切事情在他们看来都是拒绝，而且他们的反应一般是强烈的憎恨。当然，他们采用的形式可能是多种多样的，但可以肯定愤怒就是其中一种。一个典型的例子是:我有一个患者，养了一只猫，很宠爱它，可猫有时候毫无反应，遇到这种情况这位患者曾把猫扔到墙上，足见她是何等愤怒。

这种憎恨反应，或者是由真正的拒绝激起的，或者是由于想象被拒绝了。然而，在更多情况下，它会被隐藏起来，不总是显露在外。潜在憎恨在精神分析中的表现可能是:某方面的效率低下，怀疑精神分析是否有价值，内心存在某些形式的、拒不接受精神分析的顽固力量（即阻抗）。患者会把自己的阻抗解释为外在的拒绝,并将我们提供的一些现实性启发——我们相信是现实性的——解释为责备和蔑视，这可能是他们真正形成阻抗的主要原因。

我们发现，一些患者往往在童年时经历了严重失望，他们在生活中的爱、情感和友谊也曾全部遭到毁灭，因而他们坚信——尽管他们自己没有意识到——爱这种东西根本不存在。同时，这种信念能够保护他们，避免让他们遭到实际的拒绝。举一个例子来说明：有一次，一个患者问了我一个她早就想问的问题，就是我是否喜欢我女儿挂在我咨询室里的一幅雕刻，我回答“喜欢啊，因为看到它如同看到我女儿”。这句话震惊了她，因为爱和情感对她而言只是空话，她从不相信。当然，她自己对这种信念并没有意识。

这些患者预防自己遭到实际拒绝的方法是，预先确立自己不可能被爱的假设。如果其他的人遭受了失望该如何保护自己呢？他们的方法是过分补偿，就是歪曲实际的拒绝，相信“拒绝”体现了一种尊重。我最近与三个患者的接触可以作为例证：一个患者在申请某一职位时表现得极其冷漠，结果收到了美国人表达拒绝的典型而礼貌的答复，即该职位不适合他，但他却自我解读道，所谓不适合，只是因为他太适合了；另一位患者，她在接受想象治疗后，承认当时她特别害怕我拒绝她，是在我送她到窗口并目送她离开后承认的；第三个患者属于极少数类型，我不会把他们当人来尊重，我对这位患者的这种蔑视，她自己也已经确认了（我通过她对自己梦境的描述得知的），她却有意识地用“我非常喜欢她”来说服自己，并取得了成功。

一个神经质的人对爱的这种神经质渴望是非常强烈的。无论牺牲多少都愿意，无论行为多么不理性他都有可能去做——只为能够被爱和被尊重，只要能够得到善良、劝告和帮助！如果我们意识到了这些，立即就面临“为什么她这么难得到这些东西”的问题。

原因首先是，对于自己需要爱的程度和尺度她不能成功地把握。还有一个原因是，她无休止地需要爱，因而从来没有什么东西令她感到满足过，这是很少有例外的普遍现象。第一个原因还暗含着一个原因，就是神经质者的爱无能，更深入分析就能发现这一原因。

很难定义爱。在这里，让我们暂且这样描述吧：爱是一种能力，它让人自发地为人民、事业或思想奉献自己，而不是以自我为中心只让自己享受一切。这个描述里的术语都是很普遍的,并不学术。焦虑、隐秘和公开的敌意在神经质者的早期生活中就存在了，因此他们一般没有爱的能力。在成长过程中，经历过的严重虐待大大增强了这些敌意，但他心中还有恐惧，恐惧让他一次次压抑它们。因而,他之所以不能奉献自己或让自己屈服,或者是因为恐惧,或者是因为敌意。真正考虑到别人这种行为，他同样是做不到的；别人能够提供出来的爱、时间和帮助有多少，或者他想要多少，他几乎都不考虑。因而，他所看到的伤害性拒绝，甚至包括某人独处一会儿的偶尔要求，以及转移一点时间、兴趣到其他目标或其他人身上。

神经质的人一般意识不到自己的爱无能，但这种无意识又有程度上的差别。“我不能爱”这种公开的表达，只是某些神经质患者的表现；但是，认为自己深受大众喜爱，认为自己只要愿意奉献就特别能干，并倾向于做出“虽然我不能为自己获取什么，可我能够轻易为别人获取任何东西”的保证——这种幻觉是更多神经质患者的生活背景。然而，这种表现的原因，不是他在坚持像母亲一样关心他人，而是诸如渴望权力、害怕自己对别人无用就不被接受等其他因素。而且,对于自己热切期望的意识和幸福追求,他在内心进行着强烈抑制。他认为自己能够爱而且实际能够爱得深刻的幻觉被这些禁忌加强了，当然，还要加上前述的可以偶尔服务他人的原因。对他而言，这种自我欺骗的重要功能在于使自己对爱的要求变得合理，因而他坚持自我期望着。如果他意识到自己根本不关心别人，那么，他就无法再长期要求别人给予很多的爱。

虽然我至今还不能探究神经质患者这种“被大众喜爱”的幻觉，但要理解它，以上这些思想能有一定帮助。

关于他热切渴望的情感、帮助和爱如此难以获得的原因，我们已经展开了讨论，现在总结一下我们的发现。他的不满足和爱无能是第一种原因。严重害怕被拒绝是第二种原因。在他的生活中，他时刻害怕遭到别人拒绝，因而甚至害怕赠送他人礼物，也就是说，他不能以提问甚或肢体示好的方式接近别人。这正体现了这种恐惧所达到的强烈程度。

人们已经看出，他变得越来越胆怯，是对被拒绝的恐惧以及由此产生敌意的反应。不管那恐惧是真实的还是想象出来的，这敌意在这类神经质患者身上都是非常强烈的。有些患者，症状不是很严重，如果能够得到爱心和友谊，他们可能一时会感觉好一些。较严重的神经质患者则是另外一种情况：无论别人给予的温暖达到了怎样的程度，他们都一概不能够接受，我们可以将他们比作那些反绑双手挨饿的人。他们不可动摇地坚信着自己不能被爱。有一个例子：在一家旅馆前，保安见我的一个患者想停车，于是前来帮忙，可保安的接近让他产生了恐惧，他心里认定：“上帝啊，肯定是我在不应该的地方停车了！”将某一陌生女孩的友好示意解释为嘲讽，这样的例子也能说明问题。你们都已经知道了，当你用“你很聪明”一类的实话来称颂此类患者时，他会错误地将其解读为你只是想治好他，而不是真心的赞美。他们能够意识到自己对他人的这种不信任，这样的可能也是存在的。

本意示好却造成对方严重焦虑的情况，多发生在那些近乎精神分裂症的患者身上。我有一位朋友长年接触精神分裂症，他告诉我，有一次他的一个患者想接受会面治疗，但他考虑到对这类人友好他们反而会焦虑，于是故意面露愠色地查看会面计划本，然后带着抱怨说："如果你非要这样，那就来吧。"神经症患者也经常会出现那位患者的类似反应。

不要混淆了爱与性。一位女患者对我说过："我不害怕任何形式的性，但特别恐惧爱。"事实上，她一直在内心深处努力保持自己与他人的最大距离，"爱"这个字她几乎是说不出口的。对她来说，发生性关系倒是很容易，甚至完全的性高潮也不是难事。然而，她在情感上极力疏远着男人，她谈论男人时的态度就像谈论汽车时那样客观。

详细讨论这种对一切形式爱的恐惧是有意义的。这类人使自己免遭生活中重大恐惧和基本焦虑的方式，在本质上是完全的自我封闭，他们维持安全感的方式是自我压抑。

他们对依存于他人的恐惧能够部分地解释这个问题。其实，他们已经依存着别人的情感了，而且这种依存如同呼吸离不开氧气一样，因此这种依存关系很可能会产生一种危险，就是变得很痛苦。其他人在他们看来都对自己有敌意，所以不管人与人依存（不是情感上的依存）的形式是怎样的，他们的恐惧都更加严重。

同样一个人，在某个生活阶段他可能完全无助地依附他人，但在另外一个阶段里，一切近似是依赖的事情，哪怕只是一丁点，他都不会做。我们能够经常观察到这种依存性的表现和逃避。有一个年轻的女孩，她在经历几次失败的恋爱后前来接受精神分析。那几次恋爱几乎都表现出了性特征，失败都给她带来了极大失望，但她忍受着痛苦，感到她活着的目的只是为了某一特定类型的男人，她生活的全部意义都集中在这种男人身上。但是，她与这些男人的关系实际上等于零，她的真正感情从来没有被他们任何一个激发出来。类似经历的次数多了，她的态度就完全转变了。比如说，在过度焦虑的作用下，她拒绝任何可能的依存。她把自己的感情整个封闭起来，以免再次遭到这种因素所造生的任何伤害。现在，让男人臣服是她唯一的念想，她觉得拥有或表达感情应受到鄙视，因为那意味着处于劣势地位。我还在芝加哥的时候她开始接受我的分析，后来我移居纽约，但在那里她照样可以上班下班，也就是说她完全可以和我一起迁往纽约，事实上她真的去了。但就在此时，她的如下表现证明了上述那种恐惧：移居让她感到特别烦恼，以至于在三个月的时间里她一直在故意打扰我，向我诉说纽约如何如何不好。在她心里做出让步或为其他任何人做任何事都意味着相当危险的依存——所以她才会那么信任我。

为何神经质患者极难获得渴望着的满足，以上所述就是最重要的原因。然而，他们获得满足的途径是很开放的，而且取得了一定成就，现在我想简单说说。关注自己的爱、恳求同情和施加威胁就是他们的主要手段，这些因素是大家都已熟知的。

“你必须爱我，因为我是那么爱你”这句话，就概括了第一种手段的内涵。尽管形式可能各不相同，但万变不离其宗。在爱的关系中，这种态度特别常见。

大家也熟悉恳求同情的手段。对别人产生的基本敌意和认定爱完全不可信的信念是这种手段的前提条件。在这些条件下，神经质患者觉得得到一些东西只能靠强调自己的无助、软弱和可怜。

柏林有一句俗语：“爱我或者被我杀死。”这就说到威胁这最后一种手段。当众扬言自残、伤害别人、自杀，或破坏某人名誉等威胁形式都有可能发生，也常见于精神分析和日常生活中。然而，当他们爱的愿望没有得到满足时，可能会有一种隐秘的威胁形式，比如生病。在恋爱关系、婚姻关系、医患关系等各种关系中，我们可以看到完全无意识的威胁的表达方式可能有无数种。

这些对爱伴有高度紧张、强迫和贪婪的神经质渴望应该怎样理解呢？有一种可能的理解是——虽然我个人并不赞成——它们只是幼儿期特征的表现。孩子对支持、帮助、保护和温暖的需要确实比成人迫切，菲洛恩兹有一些不错的论文就是关于这方面的。一个健康、待遇好、受欢迎、成长环境真正温暖的小孩，不会无休止地需求爱。摔倒了就有妈妈的安慰对此类孩子来说很自然，那些被母亲系在腰间的孩子已然变成了神经质者。

似乎有些梦能够证实对爱的神经质渴望表达了“对母亲的依恋”的观点，就是说，吮吸母乳和重回子宫的渴望通过这种需求直接或象征性地表达出来了。的确，从这些人的早期生活历史来看，他们所得到的母亲的爱和温暖还很不够；或者，为了强行与他人相似，他们在童年时期就紧紧跟随着母亲。对爱的神经质渴望，在第一种情况中确乎表达了对在早期没有得到足够的母爱的持续渴望，可是，这些孩子为什么如此持久地坚持要求爱，却不寻找类似完全回避他人的其他可能方法，这个问题依然没有得到解释。人们可能会认为第二种情况中对爱的神经质渴望代表了对恋母情感的直接重复，但是，这种解释也只是回到早期阶段重新提问而已，并没有清楚地解释问题。这两种情况都不能回答这些孩子对母亲的依恋为什么是过分的，这个问题仍然有待解决。还有，患者在童年习得的态度，为什么在后来的生活中依然维持着，是什么动因在起作用？使他不能放弃这种幼稚态度的动因又是什么？

对爱的神经质渴望所表现出极强的自我欣赏特质。从许多案例来看，显然可以这样解释。这些人确实是爱无能而且以自我为中心的，这一点我已经在前面指出。但我相信，人们应该非常小心地使用“自恋”这个词。自爱是自爱，并不等同于焦虑性的以自我为中心。我印象中的神经症患者与其自我的关系不会是相当好的；一般情况是，他们认为最坏的敌人就是自己，并且总是坦然地自我贬低。而被爱是他们勉强获得良好安全感和提升低下自尊所必需的，这一点我将在后面说明。

另一种可能的解释是，他们害怕失去爱。这在弗洛伊德看来是专属于女性的一个心理特点。有案例表明，她们的确对失去爱有强烈的恐惧。但我的问题是：难道不应该解释一下这现象本身吗？我相信，当我们理解这一点时，一定已经知道了一个人重视被人爱的程度。

我最后必须要问的问题是：力比多扩张真的能够解释对爱越来越强的需求吗？对弗洛伊德来说，情感本身甚至就是一种压抑了目标的性渴望，因此他的回答一定是肯定的。我觉得至少应允许提出这种观点，尽管它尚待证实。人们是在相对较晚的文化时期明白情感与性感之间的联系的，这一点有人种学的研究提供支持。人们如果非要这么认为，即对爱的神经质渴望是一种基本的性现象，那就很难理解为什么满意于自己生活的神经质患者也会有这种需求。而且，在这种观点的引导下，除了对情感的渴望，对忠告、保护和认识的渴望也必将成为我们对性现象的解释。

对爱的神经质渴望具有不满足性，如果强调这一特性，整个现象就可以代表“对口唇性爱的依恋”或“退行”（力比多理论术语的一个表述）。然而，只有愿意把十分复杂的心理现象降格解释为生理因素的人才会承认这种观点。我相信这是一个无法成立的假设，而且更难理解心理现象。

以上是对这些解释有效性的怀疑，它们或者只关注情感的渴望，或者只关注不满足性、依恋或以自我为中心，总之是只关注现象的一个特定方面——这一事实也需要它们来解释，因此很难对这种现象有一个整体把握。在精神分析的情境中，我已经通过观察表明这些因素虽然形式各不相同，但以不同方式呈现和述说了同一种现象。如果要我来理解整个现象，我能想到的可行办法是，把它看成是保护自己免受焦虑的一种方法。这些人确实忍受着一种基本焦虑，而且在逐渐加强；他们无休止地追求着爱，只是想尝试缓和这种焦虑，这一点显现在他们的整个生活中。

患者需要爱的增长趋势形成于他感受到特定焦虑的压力的时候，消失趋势形成于理解这种联系的时候。这也是精神分析的观察者明白告诉我们的。在精神分析过程中，患者一次次尝试固恋分析，这是可以理解的，因为这种活动必定会激起患者的焦虑。这种固恋的一个实例是：有一个患者，由于她压抑了对分析师的敌意，变得十分焦虑，于是开始去获取分析师的友善，或在这种特定情境下追求对分析师专门的爱恋。所谓“积极的情趣转移’与被理解成对父亲或母亲的最初依恋，两者有很大一部分是重复的。在现实生活中，我相信这些重复部分就是寻求安全，以及规避焦虑的渴望。“爱我你就不会伤害我”正是这种渴望的信条。尽管这种渴望具有强迫性且无休止的，但人们还是做出千篇一律的选择，其实这些性质和这选择都表达了上述对安全的需求，因此都是可以理解的。我相信，在精神分析的过程中应该有办法避免患者的各种依存性痴迷，只要他们能认识到这些联系并注意到相关细节。从我的个人经验来看，快速把握住焦虑问题真正核心的一个办法是，将患者对爱的需求解释为预防焦虑的尝试。

当患者对分析师产生了爱的神经质渴望，往往会显现为性诱惑的形式，将自己对分析师的爱用实际行动表达出来，或者通过梦来表达，并显露出进入某种性活动的渴求。在一些案例中，体现患者这种需求的领域主要就是性活动领域，甚至只局限在该领域。性渴望未必是真正性需求的表达，但是，人与人的沟通形式可能表现为性欲的表达。记住这一点对理解上述现象是必要的。从我的个人经验来看，很明显这种需求对性表达形式的采用越容易，患者跟他人情感关系所受到的干扰就越多。如果在精神分析早期阶段出现了性幻想或梦等形式，我就会把它看成是这样一种信号：它表明个体充满了焦虑，也表明他跟别人关系堪忧。在此类案例中，性欲这种形式属于少数与他人沟通的桥梁，他们或许只有这一种；对分析师的性欲，被解释为一种基于焦虑，却开辟出道路以缓和焦虑的接触需要。

理解了这种联系，某些性需求的增强就更容易理解了。这个问题可以简单解释如下：如同受到强迫一般逐个开始性关系，对那些用性领域术语表达出神经质渴望的人来说，是一种实际可理解的倾向。就是说，他们与其他人的关系本来是可以解决的，却由于受到严重干扰变得很困难，于是他们只好那样。同样地，也可以理解性禁忌对他们来说是难以忍耐的。我至今关于倾向于异性恋者所阐明观点的真实性，也适用于同性恋者或两性恋者。对爱的神经质渴望在大量情况下实际表现为同性恋倾向，或可理解为同性恋倾向的倾向。

最后，我们对俄狄浦斯情结的理解也会大大受益于焦虑与持续增强的爱之需求的联系。其实，在弗洛伊德对俄狄浦斯情结的描述中可以找到对爱的神经质渴望的一切表现。对父亲的依恋或对母亲的依恋、无休止地需要爱、嫉妒、对拒绝的敏感、被拒绝带来的强烈憎恨，都属于此类表现。和你们已经了解的一样，俄狄浦斯情结这种现象在弗洛伊德那里基本取决于生理遗传。但我们希望了解的是，童年时期的焦虑到底在多大程度上产生影响（弗洛伊德的关于这些反应的观察已经比较完善）。这种疑问得自我们与成人患者的接触，而人种学的研究表明，上述引起方式与我们在后来生活中观察到的引起方式相同。于是我们认为，俄狄浦斯情结现象是由生理决定的这种观点未必可靠（这一事实鲍姆和其他人已指出）。有些神经质患者，他们跟母亲或父亲之间的关系特别坚固，观察他们的童年历史就很容易看到以上引起焦虑的因素，而且它们要引发孩子的焦虑简直不费吹灰之力。一般说来，敌意的复苏似乎在这些案例中都扮演着一定角色，它们之所以能够表现出来，是因为恐吓和低自尊。至于受抑制的敌意为什么容易导致焦虑，我已经论述得不能再详细了，一个最一般表述是：孩子之所以压抑表达敌意的冲动，是因为那意味着生存安全将完全不保；因为感觉到了焦虑，所以才会焦虑。尽管如此，我要提出的疑问只是这种现象是不是普遍发生？父母神经质的影响在多大程度上能够引发这种现象？俄狄浦斯情结的存在和重要性，不会被这最后的评论抹除。

最后，请允许我对持续增强的基本焦虑的含义作一个简要说明。作为一种人类现象，这种基本焦虑在生物学意义上是普遍存在的，它的显著增加目前只见于神经症中。在敌对环境和过度压抑的世界中的一种无助感，是对它的概括性描述。在大多数情况下，这种焦虑是个体意识不到的，能够意识到的只是对暴风雨、街道、传染病、考试、铁路等内容的害怕，总之是这种焦虑的、包含不同内容的一系列形式。特定的恐惧因人而异，这是自然的，但是，深入观察就会发现，潜在的持续增强的基本焦虑是一切恐惧的母体。

避免让自己遭受这种基本焦虑的方法有许多种，以下方法是我们文化背景下被广泛采用的方法。第一是以“爱我你就不会伤害我”为格言的对爱的神经质渴望；第二是以“向他人的一切期待屈服、不要求、不抵抗，就不会受伤害”为格言的顺从；第三是以“若要避免受伤就要强大，要更成功”为座右铭的对权力、成功和财产的强迫性攫取，这种方法已有阿德勒特别是库恩凯尔的阐述；第四是在情感上回避他人，这种回避也包括以安全和独立为目的的回避，为免受伤而完全压抑这种情感的行为表现，是这种策略最重要的一方面影响；强迫性地积攒财富也是一个方法，这也是一种屈从，不过是屈从于独立于他人的愿望，而不是屈从于权力欲望。

人们总是能够发现神经质患者所选择的、用以抚平自己焦虑的方法并不局限于一种，而是尝试不同的，甚至往往是相反的方法。于是他不得不面临冲突，而且无法解决。一个自我在任何环境下都强迫性地想成为别人，且不考虑他人的愿望，而另一个自我却同时需要所有人的爱。这是在我们文化中发生的最重要的神经质冲突。

图书在版编目（CIP）数据

女性心理学 /（美）卡伦·霍尼著；陈美锦译．—上海：上海三联书店，2024.7

ISBN 978-7-5426-8526-1

Ⅰ．①女… Ⅱ．①卡… ②陈… Ⅲ．①女性心理学 Ⅳ．① B844.5

中国国家版本馆 CIP 数据核字（2024）第 102130 号

女性心理学

著　　者／〔美国〕卡伦·霍尼
译　　者／陈美锦
责任编辑／王　建
特约编辑／苑浩泰
装帧设计／鹏飞艺术
监　　制／姚　军
出版发行／上海三联书店
（200041）中国上海市静安区威海路755号30楼
联系电话／编辑部：021-22895517
发行部：021-22895559
印　　刷／北京天恒嘉业印刷有限公司
版　　次／2024 年 7月第 1 版
印　　次／2024 年 7月第 1 次印刷
开　　本／960×640　1/16
字　　数／164千字
印　　张／17.5

ISBN 978-7-5426-8526-1／B·906

定　价：49.80元